走向辉煌丛书

ZOUXIANG HUIHUANG CONGSHU
YISHENG DE DONGLI

# 一生的动力

—— 本书编写组◎编 ——

　　怎样走向成功？成功的要素有哪些？有理想的读者都会思考这样的问题。为此，我们希望用大师们自己的成功实例和经验，帮助读者朋友塑造自己，一步步走向成功之路，成为人生的赢家。

世界图书出版公司
广州·北京·上海·西安

图书在版编目（CIP）数据

一生的动力/《一生的动力》编写组编. —广州：广东
世界图书出版公司，2009. 11 （2024.2 重印）
ISBN 978 - 7 - 5100 - 1210 - 5

Ⅰ. 一… Ⅱ. 一… Ⅲ. 人生哲学 - 青少年读物 Ⅳ.
B821 - 49

中国版本图书馆 CIP 数据核字（2009）第 204872 号

| | | |
|---|---|---|
| 书　　名 | 一生的动力 |
| | YISHENG DE DONGLI |
| 编　　者 | 《一生的动力》编写组 |
| 责任编辑 | 吴怡颖 |
| 装帧设计 | 三棵树设计工作组 |
| 出版发行 | 世界图书出版有限公司　世界图书出版广东有限公司 |
| 地　　址 | 广州市海珠区新港西路大江冲 25 号 |
| 邮　　编 | 510300 |
| 电　　话 | 020-84452179 |
| 网　　址 | http://www.gdst.com.cn |
| 邮　　箱 | wpc_gdst@163.com |
| 经　　销 | 新华书店 |
| 印　　刷 | 唐山富达印务有限公司 |
| 开　　本 | 787mm×1092mm　1/16 |
| 印　　张 | 10 |
| 字　　数 | 120 千字 |
| 版　　次 | 2009 年 11 月第 1 版　2024 年 2 月第 12 次印刷 |
| 国际书号 | ISBN　978-7-5100-1210-5 |
| 定　　价 | 48.00 元 |

# 没有行动就没有成功

成功是所有向往幸福的人的永恒主题。

如何才能成功？如何获取更大的成功？怎样可以尽快地获得成功？这些话题一直是人们所关心的。

成功在于什么？

在于智慧？机遇？学识？魄力？体力？背景？

的确，上面每个因素对成功来讲都很重要，但成功并不等于以上各种因素的简单相加。

成功是以信念为基础，以目标为动力，以精力为燃料，结合其他条件进行持续有效行动的一个过程。

其中的关键在于行动！

如果你缺少智慧、机遇、学识、魄力、体力、背景这几个因素中的一个或几个，只要你进行有效的行动仍然可以成功，但如果你不去行动却是绝对不会成功的。

你应该知道，成就、成功和高效率并不是取决于你的遗传基因。要成功就必须从围绕着你的世界中学习，采取有效的行动，得到你要的东西。这一过程能决定你是否成功。很多人把成功视为一种偶然的过程，以至于他们不能达到可能的最高成就。如果你并不满足于你的成果，你就是幸运者。你手中现在正拿着能帮助你改变、改进和获得更多你想要的东西的工具。从现在开始你就能获得你想要的东西。

安东尼·罗宾是美国现今最成功的心理励志专家、全球顶尖的成功学权威，他在美国设有"安东尼·罗宾潜能成功研究机构"，向来自世界各地的

1

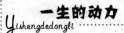
人讲授成功之道。他使成千上万的人走向成功。

本书汇集了安东尼·罗宾多年的成功经验,从9个方面阐述了个人如何成功的秘诀。

通过阅读本书,你会了解:如果别人可以成功,你也一定可以做到!

安东尼·罗宾曾说:"我们若只把目光放在眼前,那么未来就难以掌握。我们想获得长久的快乐,就必须忍受暂时的痛苦。"

除了生命本身,没有任何才能不需要后天的锻炼。

如果你想要成功,并且一定要成功,那么,请采取持续有效的行动,成功就在不远的前方等着你。

如果你找不到失败的借口,失败就不足为惧。着手去做吧,不要拖延,现在正是振作的时候!

现在,请行动起来——从这本书开始!

编　者

一生的动力
Yishengdedongli

 目 录

1

3

4

# 第一章 成功者的最佳行为准则

> 不管过去你怎样看待自己，现在你能够向更好的方向改变。因为，你拥有比你想象中还要强大的能力。
>
> 我们的生活是由我们自由选择的，不管是有意还是无意。如果选择幸福，我们就会得到幸福；如果选择痛苦，我们得到的也将是痛苦。
>
> 安东尼·罗宾23岁的时候，他还是一无所有，住在一间很狭窄的单身公寓里，睡在吊床上，洗菜只能在浴缸里。这种生活并没有阻止罗宾追求成功的渴望，他不懈地追求，但成效很小。给他带来惊人改变的转折是来自于他的女朋友。

安东尼·罗宾与自己心爱的女友相处了很长时间，已经到了谈婚论嫁的程度，于是，他的女友决定在结婚前到罗宾的家里看一看（在这以前，罗宾一直没有让她去过住所）。罗宾硬着头皮答应了。

在走进房间之前，他对女友说："亲爱的，在你还没有进房间之前，我想和你说一句话：'如何评价一个人重要的是看他的将来，而不是现在。'待会儿你看到的一切可能会让你大吃一惊。"

于是他们进了房间，看着女友惊异的表情，罗宾解释说："亲爱的，难道你不认为睡在吊床上很浪漫吗？来，让我们坐在吊床上，听听浪漫的歌曲吧？"

他和女友坐在吊床上，一边听着音乐，他一边对女友说："亲爱的，嫁给我吧，我向你保证，用不了两年，我们就会有一栋自己的大房子——坐落在海边，像宫殿的房子。

我一定会给你幸福的。"由于他说话的时候是那样的自信,他的女友感到很震惊——他的话就好像他已经拥有了一座宫殿一样。

但就在这个时候,不幸的(也许是幸运的)事发生了:她坐的吊床突然断了,她摔倒在地上,当她刚刚站起来的时候,录音机里面恰巧放着一首《千万不要嫁给讲大话的人》的歌。

于是罗宾的女友对罗宾说:"再见!"

安东尼·罗宾失恋了。

失去了心爱的女友,安东尼·罗宾很痛苦,但他知道自己绝不是一个讲大话的人,他报名参加了远在千里之外的当时最著名的成功学课程。在去上课的漫长的火车旅行中,安东尼·罗宾想了很多关于人生理想、幸福的东西。于是他拿出一张纸,写下自己的目标:25 岁以前,要赚40 万美元,还要拥有一栋在海边的大别墅。他想到抛弃他的女友,决心找一个更好的女友来陪伴自己度过一生。他还在纸上画下心目中理想女友的样子⋯⋯

通过培训和安东尼·罗宾自己的不断努力和探索,到安东尼·罗宾 25 岁的时候,他实现了对自己的承诺,而且超出预想,他赚了 100 万美元,而不是 40 万,他也拥有了一座在海边建得像宫殿一样的别墅,更

神奇的是他的女友竟然长得和他那年在纸上画的画像极其相似,这让她很震惊。

安东尼·罗宾摆脱了贫穷与失败,他的幸福生活开始了。

在本书中你学到那些曾经让安东尼·罗宾成功的东西,就从现在开始!

谈安东尼·罗宾的故事,目的很简单,就是让你能在本书中学到那些使他成功的原则。这些原则不仅改变了他的自我感觉方式,而且也改变了他的一生。这些技巧、策略和原则,也能够让你把握自己的命运,走向成功,就像它们曾经使罗宾取得成功一样。每个人身上都具有使自己实现最伟大理想的不可思议的力量,本书将帮助你把它们释放出来。

安东尼·罗宾认为你内心拥有无穷的力量,能够思考、鼓舞、引导你达成任何人生的目标。这是你唯一拥有的,完整且无可匹敌的权利。但是记住,你必须善用这项权利,否则将受到严厉的惩罚。不论你拥有什么——物质上、心理上或精神上,都必须好好运用,否则就会失去。

记住,你不能停滞不前,你必须向成功迈进——否则就会沦为失败者,因为成败是你自己的选择。

2

改变命运的力量

当安东尼·罗宾把梦想神速地变成现实时,不由得感到一种难以置信的激动和惊异。他感到在我们生活的这个时代,像他那样能神速取得成功的人远不止他一个,很多人几乎在一夜之间就取得了令人惊异的成就。比如,史蒂夫·乔布斯,原是一个身无分文、穿着牛仔裤的小伙子,他想到一个制造计算机的计划,从而迅速地建立起麦金塔公司。特德·特纳利用一种无处不有的媒介——有线电视——创造了一个王国。再看看那些从事娱乐业的人,像斯蒂芬·斯皮尔伯格或布鲁斯·威利斯,还有像李·艾科卡或鲁斯·佩罗特这样的商人,他们共同的特点是什么?就是力量,或者称作动力。

你或许认为,力量是一种可以从外界获得的东西。可罗宾却认为,从外界获得的力量是不会持久的。最基本的力量是一种能使你取得你所希望的成果,并在这个过程中可以为别人创造价值的你自身所具有的能力。这是一种能改变你的命运,使形势对你有利而不是有害的能力,它能使你明确自己的需求,为满足这些需求,引导你自己的个人王国——你自己的思维过程、行为过程,使你能取得你所希望的结果。

纵观历史,控制我们命运的这种力量以各种不同的形式在变化着。最早的时候,力量只是一种简单的生理状态的体现,身强体壮的人可以控制自己的命运,也能控制他周围人的命运。随着文明的发展,力量渐渐作为一种遗产而被继承下来。国王以一种明白无误的特权统治着他的国土,其他人只有通过同他的联合才能得到力量。随后,在工业社会初期,资本就是力量,那些拥有资本的人控制着这种工业过程。所有这些因素,现在仍在发挥着作用。有资本比没有资本好。有体力比没有体力强。不过,今天力量的最大源泉之一是特殊的知识及能力。

 获取力量的钥匙

我们今天生活的这个时代的新思想、新运动、新概念几乎每天都在改变着这个世界,不管它们是像量子物理学一样深奥,还是同畅销的汉堡包一样平凡。如果有什么东西能够代表这个世界的特征的话,那就是大量的、几乎无法想象的信息。这些新信息通过图书、电视和网络等像暴风雪一样猛烈地冲击着我们。在这个社会中,那些拥有信息

3

并充分利用它进行交流的人就拥有了国王曾经拥有过的一切——无限的力量。

幸运的是，今天我们每个人都能得到获取力量的钥匙。在中世纪，你想要成为一个国王，可能会有巨大的困难；在工业革命初期，你想要积累资本的机会也很渺茫；但在今天，任何一个穿休闲装的小伙子都能创造一个公司。在现代社会里，知识就是成功的资本，那些拥有某种知识的人就能以各种方式改变他们自己的命运，甚至改变我们这个世界。

实际上，仅有知识是不够的，你还要有梦想和积极的思想。如果能拥有这些，那么，人们在年轻的时候就会获得成功，现在就将在"梦想的生活"中生活。但事实并非如此。每一个巨大的成功绝对少不了行动。要取得成功，就需要行动。知识在被那些知道如何采取有效行动的人掌握之前只是一种潜能。事实上，"力量"这个词字面上的意思就是"行动的能力"。

## 交流的力量

在生活中，我们所能做的一切取决于我们向自己传达信息的能力。在现代社会，生活的能力就是交流的能力。

我们常常会这样想：那些取得巨大成功的人，他们之所以成功，是因为他们天生就有着某种特殊的天赋。不过安东尼·罗宾提醒你：仔细观察之后你就会发现，取得非凡成就的人所具有的高于其他一般人的最大天赋，就是他们具有采取行动的能力。这是一种任何人都能从自身发掘出来的"天赋"。毕竟，每个人都有同样的知识。并非只有特德·特纳能够看到有线电视的巨大经济潜力。但乔布斯和特纳都采取了行动。正因为如此，他们改变了我们这个世界的方向。

罗宾告诉我们：人们以两种交流形成自己生命的历程。一种为内在交流：就是我们所感觉到的我们内在思想感触的那些东西；第二种就是外在交流：语言、声调、面部表情、身体的姿势以及与这个世界发生交往的行为。我们所采取的每种交流都是一种行为，一种采取行动的动力。所有的交流都对我们自己和别人产生某种影响。

他强调交流就是力量。交流高手可以改变他们自己的生命历程，甚至也可以改变世界的历史。一切行为和感觉都可以从某种交流形式中找到它的根源。那些历史上曾影响过我们大多数人的人就是那些能充分利用这种力量工具的人，约翰·肯尼迪、托马斯·杰斐逊、小马丁·路德·金、富兰克林·德兰诺·罗斯福、温斯顿·丘吉尔以及孔子、甘地,他们都曾改变过我们的世界。他们共有的特点就是:他们都是杰出的交流者。他们能利用他们的想象力与知识,并且用一种影响大多数人的思维和行为方式把他们的想象力和知识传达给别人。

在这个世界上,你的交流水平将决定你在各个方面上成功的程度。你内心所体味到的成功程度——幸福、快乐、爱及其他你所需要的东西——就是你同自己交流的直接结果。你的感觉其实并不受制于你生活中所发生的事情,而是受制于你对所发生事情的解释。成功者的经历一再告诉我们,我们生命的价值不是取决于在我们身上发生了什么,而是取决于我们如何看待发生在我们身上的事情。

安东尼·罗宾用8个字来概括本书的内容,那就是:采取行动,获得成功。这不正是你感兴趣的东西吗?也许你渴望改变你对自己和对这个世界的感觉,也许你希望成为一个更优秀的交流者,建立更广泛的关系,更迅速地了解一切,使自己更健康,或挣到更多的钱,如果你能有效地利用本书所提供的原则,就将能创造更多的奇迹。大多数人都认为精神状态和心理活动是无法控制的。但实际上,你完全能控制你自己的精神活动和行为,其控制程度可能是你以往不曾预想到的。如果你感到沮丧,那是你自己造成的。同样道理,你不是也能使自己激动、狂喜吗?

罗宾强调,同你生活中的其他结果一样,沮丧是由于你的特定的生理和心理行为造成的。现在让我们做个练习:坐在椅子上,把头向后仰,同时面带笑容,保持笑容5秒,姿势不变。如果现在你要让自己沮丧起来,你做得到在这个姿势下的沮丧吗?很难。如果你希望使自己感到沮丧的话,那么你低头往下看,或者以悲惨的语调说话,并且为你的生活考虑一些最糟糕的方案,这就会使你感到沮丧。

有些人常常使自己产生这种沮丧情绪,以致使自己陷入这样的情绪中。实际上,我们可以通过改变自己的心理和生理行为,来立即转变我们的情绪和行为。

如果你要使自己欣喜若狂,就可以在你的心里描述各种使你产生这种感觉的事情,也可以改变同自己对话的语调和内容,还可以采取某种特殊的姿势和呼吸方式,使你的身体也处于这样的状态。这样,就能体味到欣喜若狂的感觉了。同样,你要体味其他情绪,采用这样的方法也能达到目的。

这种通过控制自己内部交流而

5

产生情绪状态的过程如同导演工作相差无几。导演为了使电影达到他预期的效果，可以通过控制演员能听到和看到的事情来实现。他想使你恐惧，可能突然加大音量，同时在银幕上推出某些具有特殊效果的画面。对于同一件事，导演可以根据他的意愿在银幕上产生悲剧或喜剧效果。你也可以在你心灵的银幕上这样做。你可以用同样的技巧和力量指挥作为一切生理活动基础的心理活动。你可以在心目中加大具有积极意义的图像和声音，也可以像斯皮尔伯格或吴宇森那样巧妙地使用你的大脑。

6

## 🏵 成功者的最佳行为准则

罗宾在下面将要叙述的一些事情似乎让人难以置信。有一种方法，只看看某个人就能准确地知道他的思想，或者，有一种方法能随意地很快地唤起你最大的智慧。如果在100年以前，你说人类可以飞上太空的话，人们肯定会认为你是个疯子；如果你说在5小时内可以从纽约到达香港，就会被认为是一个疯狂的梦幻家。但人类仅仅掌握了空气动力学的技术和原则，就使这些都变成了现实。从本书中，你将学到"成功的最佳行为技巧"的"原则"。它们将使你发掘出你所具有的、你以前未意识到的智慧与能力。

那些取得卓越成就的人在成功过程中都坚持一项始终如一的原则，安东尼·罗宾把它叫做"最佳成功准则"。这个准则的第一步就是了解你的目标，也就是说，明确地确定你希望什么。第二步就是采取行动——否则你的希望将永远只是梦想。你必须采取各种你相信最有可能达到你的目标的行动——我们称之为有效行动。我们所采取的行动并不总是产生我们所希望的结果，因此，第三步就是培养你的感觉敏锐性，去辨别你所得到的各种结果，并且尽可能迅速地判断这种结果会使你击中目标，还是偏离目标。你必须充分了解从行动中所得到的一切。如果得到的不是你所希望的东西，那么就必须注意你的行为所产生的所有的结果。第四步是培养灵活性以改变你的行为，直到获得你希望的结果。你可以观察一下获得成功的人们，不难发现，他们都是按这四步走过来的。他们开始树立一个目标，然后采取行动，并且不断修改、调整、变换他们的行为，以获得他们所希望的结果。

斯蒂芬·斯皮尔伯格在他36岁时就已成为历史上最成功的电影导演之一。在历史上票房收入最高的

10 部电影中就有 4 部是他导演的,其中包括《外星人》。他怎么在这样年轻时就能取得这样大的成就呢?这有一个不寻常的故事:

从十二三岁开始,斯皮尔伯格就把自己的目标设定为要当一名电影导演。17 岁时的一天下午,他参观了环球影片公司。这次参观,使他的生活发生了变化,他最终确定了目标,开始了行动。在参观结束时,他拜访了环球公司编辑部主任,谈了一个多小时,表达了他对电影的兴趣。

对大多数人来说,故事到此就该结束了,但斯皮尔伯格没有。他有自己的想法,他知道自己希望什么。他从第一次参观中得到了启示,于是改变了方法。第二天,他穿上一套制服,夹起他父亲的公文包,只带上一块三明治和两块糖,又来到了电影公司。他像公司的工作人员一样走向大门。那天,他很顺利地通过了门卫的检查。他找到了一个废弃了的工作室,在门上用一些塑料字母贴上"斯蒂芬·斯皮尔伯格:导演"的字样。然后,他用整个夏天的时间会见导演、作家和编辑,在他所向往的这个世界中穿梭,从与别人的每次谈话中吸取养分,培养自己对电影制作工作越来越敏锐的感觉。

最后,在 20 岁时,他终于成了电影制片公司的一名正式成员。于是,他把自己摄制的一部短片展示给环球公司,公司与他订了一个 7 年的合同,让他执导一部电视连续剧。他终于把自己的梦想变成了现实。

斯皮尔伯格是不是遵循了"最佳成功准则"?是的。他非常清楚自己希望什么,并且他采取了行动,他敏锐地感受到人所得到的结果是使他接近目标而不是远离目标,他灵活地改变他的行动,去获得他希望的东西。事实上,每一个成功的人都做着同一件事,他们不断地改变行为方式,增加灵活性,直到创造出他们所希望的生活。

从某种程度上说,本书中所叙述的故事将以最有效的信息武装你的头脑,能使你具有采取成功行动的力量。

## ❧ 获得成功的品质

你是不是想知道斯皮尔伯格、吴宇森的共同特点是什么?是什么使约翰·肯尼迪和小马丁·路德·金以如此深刻和激动人心的方式影响了这么多人?是什么使里根与克林顿高高突出于他人之上?安东尼·罗宾指出他们都能使自己始终如一地采取有效行动,为实现自己的梦想而努力。那么又是什么使他们日复一日持续不断把他们所得

7

到的一切又投入他们正在从事的一切之中呢？当然，这有很多原因，不过，罗宾认为，这其中包括他们自己培养起来的七种基本的品质。这七种品质赋予了他们扫清成功道路上任何障碍的力量。这七种基本品质也能成为你成功的诱发剂。

## ✦ 成功品质——希望

罗宾发现所有这些人都找到了能促使他们前进的目的，从而促使他们去做事情。它给他们驶向成功的列车供应燃料，使他们发掘出真正的潜力。正是希望使一名第一次参加一场举足轻重的球赛的球手奋勇地冲向下一个垒点；也正是希望使李·艾科卡在整个人类中出类拔萃；还是希望使那些航空学家艰辛跋涉几十年而找到突破口，把人类送入太空，又使他们重返地面；还是希望使人们早起晚睡，使生命具有力量、活力和意义。没有希望就不可能有伟人，不管是在体育界、艺术界、学术界，还是在商界。

11岁的安琪拉患了一种神经系统的疾病，疾病使她日渐衰弱，无法走路，举手投足也诸多受限，医生对她是否能复原并不抱太大的希望，他们预测她的余生都将在轮椅上度过。他们也表示，一旦得了这种疾病，就算有人能恢复正常，也是凤毛

麟角。但这个小女孩并不畏惧，她躺在医院病床上，向任何一个愿意倾听的人发誓，有一天她绝对会站起来走路。

后来她被转到一所位于旧金山的一家专科医院，所有适用于她的治疗法都用了，治疗师深为她不屈的意志所折服，他们教她运用想象力，想象自己看到自己在走路。如果想象不能发挥其效用，至少能给安琪拉希望，使她在病榻冗长的时间里，能有些积极正面的想法。不论是物理治疗、复健法治疗或是运动疗法，安琪拉都竭尽全力配合，躺在床上时也老老实实地做想象的功课，想象看见自己能行动了，动了，真的能行动了。

有一天，她再度使尽全力想象自己的双腿又能运动时，似乎奇迹真的发生了！床动了！床开始在房间里到处移动！她大叫："看看我？看啊！我动了！我可以动了！"

当然，医院里每一个人都尖叫起来，纷纷寻找遮蔽物。大家大声尖叫，器材也掉下来，玻璃也碎裂了。其实这是有名的旧金山大地震，但安琪拉相信她真的做到了！而且才不过几年的时间，她又重新回到了学校！用她的双脚站起来，不用拐杖，不用轮椅。

这一次偶然造就了一个奇迹。对安琪拉而言是一种幸运，但这种

幸运是发自她的内心,亦即心灵的希望。

## 成功品质——信念

正如安东尼·罗宾所说,几乎每一本励志著作都谈到信仰和信念对人类的影响。那些成功的人在很大程度上是以他们的信念区别于那些失败者的。对于我们应做什么和我们能做什么,信念确确实实决定了我们将做什么。如果相信奇迹,我们就会生活在奇迹中;如果相信我们的生活是狭隘的,那么我们就会生活在狭隘当中。我们相信会成为现实的东西就会成为现实,我们相信成为可能的一切都会成为可能。本书中一些特殊的科学方式将使你很快改变你的信念,从而使你达到你最迫切要求达到的目的。很多人都有热情,但他们对自己能做什么的信心不大,因而他们就没有勇气采取能使他们的梦想变成现实的行动。那些成功的人们都知道他们的希望是什么,并且相信他们能得到所希望的东西。

下面是一个美国商人的自述,他的故事告诉我们他是怎样从平庸的世界中逃脱出来,而成为一个成功的人。

"5年前,我经营的是小本农具买卖。我过着平凡而又体面的生活,但并不理想。我们的房子太小,也没有钱买我们想要的东西。我的妻子并没有抱怨,很显然,她只是安于天命而并不幸福。我的内心深处变得越来越不满。当我意识到爱妻和我的两个孩子并没有过上好日子的时候,我感到了深深的内疚。

"但是今天,一切都有了极大的变化。现在,我有了一所占地两英亩的漂亮新家。我们再也不用担心能否送我们的孩子上一所好的大学了,我的妻子在花钱买衣服的时候也不再有那种犯罪的感觉了。明年夏天,全家都将去欧洲度假。我们过上了真正的生活。"

"这一切的发生,是因为我利用了信念的力量。5年以前,我听说在底特律有一个经营农具的工作。那时,我们还住在克利夫兰。我决定试试,希望能多挣一点钱。我到达底特律的时间是星期天的早晨,但公司与我面谈还得等到星期一。"

"晚饭后,我坐在旅馆里静思默想,突然觉得自己是多么可憎。'这到底是为什么?'我问自己,'失败为什么总属于我呢?'"

"我不知道那天是什么促使我做了这样一件事:我取了一张旅馆的信笺,写下几个我非常熟悉的、在近几年内远远超过我的人的名字。他们取得了更多的权力和工作职责。其中两个原是邻近的农场主,

9

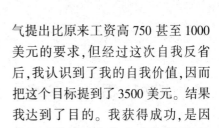

现已搬到更好的地区了；其他两位我曾经为他们工作过。最后一位则是我的妹夫。我问自己：什么是我的朋友拥有的优势呢？我把自己的智力与他们做了一个比较，但我并不认为他们比我更聪明；而他们所受的教育、个人习性等，也并不拥有任何优势。"

"终于，我想到了另一个成功的因素，即主动性。我不得不承认，我的朋友们在这点上胜我一筹。"

"当时已快深夜 3 点钟了，但我的脑子却还十分清醒。我第一次发现了自己的弱点。我深深地挖掘自己，发现缺少主动性是因为在我的内心深处，我并不看重自己。"

"我坐在黑暗之中，回忆着过去的一切。从我记事起，我便缺乏自信心，我发现过去的我总是在自寻烦恼，自己总对自己说不行，不行，不行！我总在表现自己的短处，几乎我所做的一切都表现出了这种自我贬值。终于我明白了：如果自己都不信任自己的话，那么将没有人信任你！"

"于是我做出了决定，'我一直都是把自己当成一个二等公民，从今后，我再也不这样想了。'"

"第二天上午，我仍保持着那种自信心。我暗自把这次与公司的面谈作为对我自信心的第一次考验。在这次面谈以前，我希望自己有勇

气提出比原来工资高 750 甚至 1000 美元的要求，但经过这次自我反省后，我认识到了我的自我价值，因而把这个目标提到了 3500 美元。结果我达到了目的。我获得成功，是因为经过整整一夜的自我分析以后，我终于认识到了自己的价值。"

"取得这个工作后的两年间，我建立起了很好的商业信誉。然后，我们去休假。这也使我觉得自己的价值倍增，这表明在这个领域里，我取得了很大成功。最后，公司重新组合，我得到了很大一笔股票，工资也有大幅度提高。"

相信你自己，好运就会降临。希望和信念可以提供通向成功的燃料和动力，但仅有动力还不够，还需要一种途径，一种对必然进步的敏感性。为了成功地达到我们的目标，我们需要成功的第三品质：策略。

## ❧ 成功品质——策略

策略是一种组织你的能力和力量的方式。安东尼·罗宾讲到当斯蒂芬·斯皮尔伯格决定做一名电影导演的时候，他就在心目中筹划了一个能引导他征服这一领域的行动方向。他想象出他想要学会的东西、需要了解的人、需要做的一切。他有希望，也有信心，同时也具有挖掘其最大潜力的策略。罗纳德·里

根也培养了某种交流策略，并且始终如一地运用这些策略，从而达到了他最希望的目的。每一个成功者都知道，对成功来说，只拥有力量和能力是不够的，必须要以最有效的方式来使用这些能力和力量。研究表明：即使是最聪明的天才，也要找到一个正确的途径。你可以把门撞倒来打开门，你也可以找到钥匙，完整无损地把门打开。

罗宾一直很喜欢中国古代的一个故事，中国古代齐国的大将田忌，很喜欢赛马，有一回，他和自己的国王齐威王约定，要进行一场比赛。

他们商量好，把各自的马分成上、中、下三等。比赛的时候，要上等马对上等马，中等马对中等马，下等马对下等马。因为齐威王每个等级的马都比田忌的马强得多，所以比赛了几次，田忌都失败了。

田忌觉得很扫兴，比赛还没有结束，就垂头丧气地离开赛马场，这时，有人与他打招呼，田忌抬头一看，人群中有个人，原来是自己的好朋友——大谋士孙膑。孙膑招呼田忌过来，拍着他的肩膀说：

"我刚才看了赛马，齐威王的马比你的马快不了多少。"

孙膑还没有说完，田忌瞪了他一眼："想不到你也来挖苦我？"

孙膑说："我不是挖苦你，我是说你再同他赛一次，我有办法准能让你赢了他。"

田忌疑惑地看着孙膑："你是说另换几匹马来？"

孙膑摇摇头说："一匹马也不需要更换。"

田忌毫无信心地说："那还不是照样得输！"

孙膑胸有成竹地说："你就按照我的安排办吧。"

齐威王屡战屡胜，正在得意洋洋地夸耀自己的马的时候，看见田忌陪着孙膑迎面走来，便站起来讥讽地说："怎么，莫非你还不服气？"

田忌说："当然不服气，咱们再赛一次！"说着，"哗啦"一声，把一大堆银钱倒在桌子上，作为他下的赌注。

齐威王一看，心里暗暗好笑，于是吩咐手下，把前几次赢得的银钱全部抬来，另外又加了 1000 两黄金，也放在桌子上。齐威王轻蔑地说："那就开始吧？"

一声锣响，比赛开始了。

孙膑先以下等马对齐威王的上等马，第一局输了。齐威王站起来说：

"想不到赫赫有名的孙膑先生，竟然想出这样拙劣的对策。"

孙膑不去理他。接着进行第二场比赛。孙膑拿上等马对齐威王的中等马，获胜了一局。齐威王有点

11

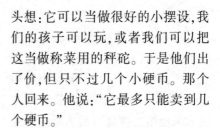

心慌意乱了。

第三局比赛孙膑拿中等马对齐威王的下等马，又战胜了一局。这下，齐威王目瞪口呆了。

比赛的结果是三局两胜，当然是田忌赢了齐威王。还是同样的马匹，由于调换一下比赛的出场顺序，就得到转败为胜的结果。由此可见，在通向成功的道路上，绝不可忽视组织你的能力和力量的策略，这才是成功真正的秘诀。

## ❀ 成功品质——价值标准

价值标准是我们判断生命的是与非的特殊信念系统，是一种判断标准。很多人对他们自己的价值标准都没有清晰的概念。有些人常常做一些对自己不利的事，就是因为他们的心目中没有一个明确的价值标准。对成功者来说，理解价值标准是最有益、最关键的秘诀之一。

在印度，有一位禅师为了启发他的门徒，给他的徒弟一块石头，叫他去蔬菜市场，并且试着卖掉它，这块石头很大，很美丽。但是师父说："不要卖掉它，只是试着卖掉它。注意观察，多问一些人，然后只要告诉我在蔬菜市场它能卖多少钱。"这个人去了。在菜市场，许多人看着石头想：它可以当做很好的小摆设，我们的孩子可以玩，或者我们可以把这当做称菜用的秤砣。于是他们出了价，但只不过几个小硬币。那个人回来。他说："它最多只能卖到几个硬币。"

师父说："现在你去黄金市场，问问那儿的人。但是不要卖掉它，光问问价。"从黄金市场回来，这个门徒很高兴地说："这些人太棒了。他们乐意出到1000块钱。"

师父说："现在你去珠宝商那儿，但不要卖掉它。"他去了珠宝商那儿。他简直不敢相信，他们竟然乐意出5万块钱，他不愿意卖，他们继续抬高价格——他们出到10万。但是这个人说："我不打算卖掉它。"他们说："我们出20万、30万，或者你要多少就多少，只要你卖！"这个人说："我不能卖，我只是问问价。"他简直不敢相信："这些人疯了！"他自己觉得蔬菜市场的价已经足够了。

他回来后，师父拿回石头说："我们不打算卖了它，不过现在你明白了，这个要看你，看你是不是有试金石与理解力。如果你是生活在蔬菜市场，那么你只有那个市场的理解力，你就永远不会认识更高的价值。"

你了解自己的价值吗？不要在蔬菜市场上寻找你的价值，为了"卖个好价"，你必须让人把你当成宝石看待。

12

## 成功品质——精力

从某种程度来说，以上已经讨论的四种品质与下面的第五种品质是密不可分的。

成功的第五种品质：精力。精力可以说是唐纳德·特鲁姆普或史蒂夫·乔布斯的创业基础，也可以说是里根或比尔·克林顿的生命力。罗宾发现那些成功者都是及时地抓住机会，并充分地利用机会。他们每天都在寻找不可思议的稍纵即逝的机会。时间对他们来说真是一刻千金。在我们这个世界上，很多人都相信自己有热情、有策略，也有与之相应的价值体系，但他们恰恰没有采取行动的生命力。伟大的成功者是与体力、智力和精力分不开的。

有一位儿科大夫，在一次车祸中严重受伤，不得不锯掉两腿。

他被突如其来的噩讯震惊得几乎要发疯。他曾经想一死了之。不过这已是一年以前的事了。

如今，每天清晨，他戴好假肢，坐着轮椅去儿童医院上班。当那些焦虑的父母带着孩子来求医时，他坐在轮椅上，手拿听诊器仔细地为孩子看病。他竭尽全力地工作，他把健康带给病童，把微笑挂在父母的脸上。你能看见他因为每天所做的工作而显露出的满足。

他虽然没有双腿，可是他一直在孩子和父母的心里奔跑，就像他曾经为自己赢得胜利一样。

我们决不能为不幸而悲哀忧伤。我们每天必须将精力引向有意义的目标，就像这位小儿科大夫一样。在我们帮助他人的时候，我们也确实帮助了自己。那位坐在轮椅上的医生在度过充实的一天之后，心满意足。那位医生从绝望中站起来了，我们每个人也都必须从绝望和失败中站起来，这就是成功的秘诀。

## 成功品质——人际关系能力

几乎所有的成功者都有一种与其他人进行联系，同各种背景、各种信仰的人进行接触、发展人际关系的非凡能力。的确，偶尔可能会有某个疯狂的天才发明某种东西，从而改变我们这个世界。但如果这位天才只是把时间全部花在他个人的小圈子里的话，那他只能在某个方面获得成功，而在其他很多方面则会遭到失败。那些伟大的成功者都具有一种把自己同千百万人结合为一个整体的能力。最伟大的成功不是在世界舞台上，而是在你自己心灵的最深处。每个人都需要同别人建立持久的、友爱的联系，没有这种

13

联系,任何成功都是虚假的。

成功者都有一个计划去爱别人。虽然他们很少谈论他们是怎样正确对待人的,但事实上,你会吃惊地发现他们都有一个明确的甚至是书面的这种计划。

就拿美国前总统林顿·约翰逊来说,在他任总统很早以前,他就根据他那丰富的人际交往经验制订了10条准则。而且他的一言一行都时刻地遵循着这些准则。

1. 记住人的名字。如果你没做到这点,就意味着你对人不友好。

2. 平易近人,让别人跟你在一起觉得很愉快。

3. 要有大将风度,不为小事而烦恼。

4. 不要自高自大,做一个谦虚的人。

5. 培养广泛的兴趣和爱好,充实自己,使别人在与你的交往中得到一些有价值的东西。

6. 检查自己,去除所有不良习惯和令人讨厌的东西。

7. 不结冤仇,消除过去的或现在的与他人的隔阂。

8. 爱所有的人,真诚地去爱他们。

9. 当别人取得成绩的时候,去赞赏他们;当他人遇到挫折或不幸的时候,去同情他们,安慰他们,给他们以帮助。

10. 精神上给人以鼓励,你会得到他们的支持。

因为约翰逊总统在生活中能严格以"爱天下人"为准则,所以在竞选中赢得了选民们的支持。

## ❧ 成功品质——交流方向的把握

把握交流方向也是成功的基础之一。我们同别人和同自己交流的方式最终决定我们生命的价值。生活中的成功者都能应付生活提出的任何挑战,并且以一种能使他们成功地改变局面的方式同自己进行交流的人。而那些失败者则把生活中的不幸作为对自己的限制。那些决定了我们命运和文化的人都掌握了同别人进行交流的技巧,他们都有一种向别人交流自己的看法、追求、欢乐与不幸的能力。他们由于掌握了交流技巧,才会成为伟大的艺术家、政治家和教育家。

## ❧ 决定命运的自我交流

凡是能够面对生活中挑战的人,往往可以用意志战胜这些挑战,他们运用了决定命运的自我交流的力量。罗宾讲过这样一个真实的故事,让我们共同看看这股可以创造奇迹的力量。事情发生的时候,一个男子正骑着摩托车以75英里的时速在公路上行驶。好像路边有什么东西映入眼帘,他回头看了看,就马上转过头来,可是已经迟了,前面那辆卡车突然停了下来。为了死里逃生,他立即放倒摩托车,紧紧地把刹车踩死。但由于惯性,摩托车还是带着他极不情愿地钻到了卡车底部。摩托车的油箱突然脱落,可怕的事情发生了:汽油洒出来,燃起了大火。等他恢复知觉时,发现自己已经躺在医院里。他浑身灼痛,不能动弹,不敢出气,他身体的 3/4 都被可怕的三度烧伤所包围,但他没有因此而放弃生的希望,他要顽强地活下去。经历这次可怕的交通事故之后,这位男子步入商界,可没过多久,他又遭受了一次沉重的打击:一次飞机失事使他终身瘫痪。

在每个人的一生中,都会遇到一次最严重的挑战——检验我们各方面力量和能力的挑战,似乎不公平的挑战。在这次挑战中,我们的信念、价值观、耐心都要受到最大限度甚至是超限度的考验。有人把这种考验看成是自我完善的机会。而有的人却被这样的经历摧垮了。你知不知道,正是人们对

生活中的挑战做出反应的方式而形成了独特的个性?对于这个问题,按安东尼·罗宾自己的话说:"我当然知道,因为我生活中的大部分时间,都用于探讨那些激发人们作出反应的东西。我也一直在研究是什么使某些人在他们的同辈人中鹤立鸡群,是什么造就了领袖人物,造就了成功者?在这个世界上为什么有这么多人,尽管他们几乎都经历过不幸和苦难,但却生活得如此快乐,而其他人却似乎总是生活在沮丧、愤怒、压抑之中?"

罗宾又讲了另一个故事,请注意这个人同上面所提到的那个人的区别。这个人的生活似乎要美好得多。他是一个非常有钱、很有才华的喜剧明星,拥有一大批崇拜者。他在 22 岁时是芝加哥一家著名喜剧团最年轻的演员,并且快成为公认的明星。后来,他在纽约做了一次轰动一时的演出,使他成为 70 年代伟大的电视明星之一。随后他又成为全美最走红的电影明星之一。接着,他又涉足音乐界,在这里同样获得了巨大的成功。他有一大批捧场的朋友,有美满的婚姻,在纽约和其他城市有舒适的别墅。他似乎拥有了一个人可能想得到的一切。

以上这两种人,你愿意成为哪一种?很难想象会有人选择第一个

15

人的那种生活。

让罗宾再进一步告诉你这两个人的情况。第一个人叫米歇尔，他仍然很好地活着，住在科罗拉多州。你能想象他会变成百万富翁、受人爱戴的公共演说家、洋洋得意的新郎官及成功的企业家吗？你能想象他还可以去泛舟、玩跳伞，在政坛角逐一席之地吗？

米歇尔全做到了，甚至有过之而无不及。在经历了两次可怕的意外事故后，他的脸因植皮而变成一块"彩色板"，手指没有了，双腿如此细小，无法行动，只能瘫痪在轮椅上。

经过努力，米歇尔为自己在科罗拉多州买了一幢维多利亚式的房子，另外也买了房地产、一架飞机及一家酒吧，后来他和两个朋友合资开了一家公司，专门生产以木材为燃料的炉子，这家公司后来变成佛蒙特州第二大的私人公司。

他仍不屈不挠，日夜努力使自己能达到最高限度的独立自主，他被选为科罗拉多州孤峰顶镇的镇长，以管理小镇的美景及环境，使之不因矿产的开采而遭受破坏。米歇尔后来也竞选国会议员，他用一句"不只是另一张小白脸"的口号，将自己难看的脸转变成一项有利的资产。

米歇尔说："我瘫痪之前可以做1万件事，现在我只能做9000件，我可以把注意力放在我无法再做的1000件事上，或是把目光放在我还能做的9000件事上，告诉大家说我的人生曾遭受过两次重大的挫折，如果我能选择不把挫折拿来当成放弃努力的借口，那么，或许你们可以用一个新的角度，来看待一些一直让你们裹足不前的经历。你可以退一步，想开一点，然后你就有机会说：'或许那也没什么大不了的！'"

再来看看第二个人，他对于我们都很熟悉，他曾经给我们带来过巨大的愉快和幸福。他叫约翰·贝卢西，是70年代最著名的喜剧演员之一。贝卢西可以使无数的生命丰富多彩，但他自己的生命却不是这样，当他23岁死于"可卡因和海洛因的剧毒"时，认识他的人都没有感到惊奇。这个拥有一切的明星成了一个得意忘形的、失去控制的吸毒者，表面上拥有一切，但实际上却是无聊地过完一生。

罗宾想告诉我们，无论情况怎样，我们都不应因生活中的困难而退缩。对于成功者来说，他们的生活中根本没有困境，他们认为，困境只是向成功迈进的道路中必走的一步。他们时刻与自我进行交流，记住：重要的是你如何看待发生在你身上的事，而不是到底发生了什么事。

那么，富有与贫困之间的区别

16

是什么？能做与不能做之间的区别是什么？做与不做之间的区别又是什么？为什么有些人能克服可怕的、难以想象的灾难，使他们的生命大放异彩，而有些人尽管拥有一切优越条件，却使他们的生命走向毁灭？米歇尔与约翰·贝卢西之间的区别是什么？构成这种区别的又是什么？

罗宾对这个问题探讨了很长时间。随着他的成长，对那些在各方面都很成功的人——令人羡慕的工作、健壮的体魄、美满和睦的家庭，他明白了是什么东西使他们的生命与其他人的生命如此不同，这就是自我交流的方式和采取行动之差别。失败者常常会说："我遇到的困难和问题太多了。"而罗宾告诉我们，成功者遇到的问题比失败者遇到的问题还要多，只有进入了坟墓的人才不会遇到困难。区别成功者和失败者的标准不是遇到问题的多少，而是对这些问题的理解和采取的行动。

当米歇尔得知3/4的身体被三度烧伤的消息时，他思绪万千，意味着自己可能会因此而死亡；但他自我安慰说，出现这种情况只为一个目的，那就是给他提供更加有利的条件，使他将来有一天能实现自己出类拔萃的目标。他这样同自己进行交流，形成了自己的信念和价值

观，从而使他把这种瘫痪在床的灾难当成一种有益的考验而不是一场悲剧。

## ❖ NLP——改变命运的科学

安东尼·罗宾长期以来非常关心的一点是那些成功的人是怎样达到目的的。他以前认为那些成功者肯定做了某些特殊事情才取得了非凡的成就。他还意识到，仅仅知道米歇尔能以一种达到目的的方式进行自我交流是不够的，还必须深刻了解他是怎样做的。他相信，如果他能精确地重复别人的行为，也能取得同他们一样的成绩。

安东尼·罗宾曾经接触到一门叫做"神经语言规则"的学科，缩写为NLP。如果分析一下这个学科名词的三个词，"神经"与大脑有关，"语言"与说话有关，"规划"就是计划和过程的安排。NLP就是研究语言——口头语言与行为语言——是怎样影响我们的神经系统的。在现实生活中，我们做任何事情的能力都是以引导神经系统的能力为基础的。那些取得非凡成就的人就是通过神经系统进行特殊交流而获得成功的。

NLP是研究主观经验的学科，

因此,它提出了许多假设作为前提。假设就必然不是真实的,NLP 也不宣称它们是真实的。这一点与我们的常规思维有了较大的出入。NLP 所要问的问题不是"它们是不是真的"而是"它们会不会产生结果",也就是说,你假设它们是真的,并按这种假设去行动,而注意所得的结果是什么。

据此,NLP 提出一项重要的假设前提:地图非国土。

人们经由感官或表象系统(在心智上传达信息到感官系统的方式,包括视、听、触、味、嗅五种方式)接受信息,并因此而产生不同的体验。这种内心产生的体验,我们称之为"地图"。由于每个人发展表象系统所在的环境、背景的不同,许多人常会发展出或偏重于某一系统的信息处理能力。

例如,倾向于使用视觉的人,通过自己所看到的来理解周围的世界,同时对所有外在与内在的刺激,皆通过视觉形象加以分类、记忆、思考。

每个人都使用其视觉、听觉、触觉及嗅觉以建立其世界的模式。由于个人感官或表象系统接收信息方式不同,每个人因而发展出的个人的思维模式(即"地图"),也使人们对世界(即"国土")有着不同的体验。这就是"地图非国土"这一假设

的含义。

人们以多种微妙方式呈现他们的思考方式。任何人都有可能自另一个人身上辨认出思考的信号,同时侦测出特别的形态。例如,眼睛可以表现出人们的思考方式,是否正将事物图像化或倾听、感受。

NLP 极力找出人们体验外在环境的多种方法,对一个人的感官、表象系统及思维模式加以破译。

对他人思维方式的解读,有两项重要的用途。第一项用途就是一旦发现对方的思考过程,就可以改变自己的沟通技巧以配合对方,如此便可建立和谐的关系。这一点,可以应用在人际沟通、谈判、销售等许多方面。

第二项用途就是复制卓越,复制卓越是一种模仿的过程。想要模仿一项技巧,就要找出深谙此技巧的人,他是如何思想以及让他能做好此技巧背后的信念、价值观等。一旦找出对方的策略,我们也依此仿效,就会获得相应的技巧。NLP 认为,只要人能学来的东西都可模仿,并取得相应的效果。这一点在自我能力的提升、快速学习、快速阅读等方面都有实际的效用。NLP 最初也是因模仿三位不同学科的大师而建立的。因此,NLP 为我们提供了无限发展的可能性。

# 成功的捷径——模仿

罗宾告诉我们 NLP 为我们引导自己的大脑提供了一个系统结构，它不仅告诉我们如何引导自己的状态和行为，而且还告诉我们如何引导别人的状态和行为。简单地说，这门学科就是告诉我们怎样以最佳方式运用我们的大脑，从而取得我们最希望的结果。

NLP 精确地提供了我们正在寻找的一切，它为揭示为什么有些人能持续不断地获得最佳结果的秘密提供了钥匙。如果有人在早晨能很快、很容易醒来并且精神饱满，那么这就是他们所取得的结果。问题是，他们是怎样取得这样的结果的呢？因为行动是一切结果的根源，那么是什么特殊的精神或生理行为产生了能很快很容易地从沉睡中苏醒的神经生理过程呢？NLP 的先决条件之一就是人们的神经生理过程都是一样的，因此，别人能做的一切，只要你精确地以同样的方式控制你的神经系统，你也能做到。这种为了达到特殊目的而进行的行为就叫做模仿。

罗宾指出，如果某件事对其他人来说是可能的话，对你来说也是可能的。是否能获得别人所获得的结果，这无关紧要，重要的是了解策略——也就是说别人是如何获得这一结果的。你将在以后的章节里学到这种策略。模仿别人引导神经系统的方法可能很简单，但有些事情明显很复杂，要花费很多时间去模仿，要多次重复。不过，只要你有迫切的愿望并不断调整变化的信心，那么，任何人所做到的事你都可以模仿。在很多情况下，一个人要找到一种利用大脑和身体去达到一个目的的特殊方法，必须花很多年的时间去尝试、探索，但你可以花很短的时间去模仿别人花了很多年才完善了的行为，并且在几天内、几个月内取得同样的结果，至少，你花的时间要比你模仿的这个所花的时间少得多。

## 成功模仿的三要素

要模仿成功者，就要变成福尔摩斯，能够提出大量的问题，掌握所有通向成功的线索。

大多数学科的基本研究方法之一是从其他人的成功中吸取养分。工程和计算机设计方面的每一步都是以更早的发现和突破为基础的；在商界，不学习过去的经验，不收集目前工艺水平信息的公司是肯定要倒闭的。

人类行为是过去少数几个理论

19

和信息继续发挥作用的领域之一。很多人都仍在利用19世纪的大脑运行方式和模式。本书将教给你一种立竿见影的技巧、一种能用来创造你所希望的生命价值的技巧。

要重新创造任何形式的人类成就，有三种基本的精神和重要行为必须模仿。这三种行为是成功模仿的三要素。

安东尼·罗宾告诉我们第一要素是你的信念系统。相信什么是可能的，什么是不可能的。有句古语说："不管你相信自己能做什么事，还是不能做什么事，你都是对的。"在某种程度上来说确实如此。当你认为自己不能做某件事时，你就会向你的神经系统不断地传送信息，降低和消除你去干这件事的能力。相反，如果你持续不断地向你的神经系统传送你能做某事的信息，那么，这些信息就会向你的大脑传送能完成这件事的信号，这就产生了完成这件事的可能性。因此，如果你能模仿一个成功的人的信念系统，那么你就向复制他的行为迈开了第一步，就可以使你取得同他一样的结果。

第二要素是你的精神体系。精神体系是人们组织思维的方式。体系就像一种密码。电话号码有8位数字，但你必须按正确的次序拨这些数字才能找到你要找的人，拨

20

25720102与25017202找到的人是不同的。同样，你的精神体系只有正确地组合和能使你的大脑和神经系统最有效地帮助你达到预期的目的。在交流中也是如此。人们彼此之间能很好地交流，多数时候是因为不同的人使用了不同的"密码"——不同的精神体系。

第三要素是你的生理状况。大脑和肉体是完整地联系在一起的。你动用生理状态的方式——呼吸的方式、控制身体的姿势、面部表情的方式——实际上决定着你所处的状态，而你所处的状态又将决定你能采取行动的有效范围和质量。

人类在模仿中前进。儿童是如何学会说话的？年轻运动员怎样向老运动员学习？一个雄心勃勃的商人是如何组织他的公司的？罗宾在这里举了一个商界简单的模仿例子。在商界，很多人赚钱就是通过被称做"滞后"的方式进行的，如果在底特律的林荫道上开一个卖巧克力煎饼商行，那么，在达拉斯的林荫道上就会出现同样商行。如果有人在芝加哥开一家公司，穿奇装异服给人送信，那么在洛杉矶或纽约就会出现同样的公司。

日本人最善于模仿。如果考察一下日本在二战后工业发展的道路，就会发现，新产品和新技术中很少是从日本开始的。日本人只是简

单地摘取美国出现的新思想和新产品,从汽车到半导体,然后通过细致地模仿,摄取其中的精华,对其他部分进行改进。

在你的周围存在着很多让人成功的技巧和策略,安东尼·罗宾希望你能像一个模仿者那样去思考,充分地了解那些取得巨大成就的人的行为模式和类型。如果某人出色地完成了某事,那么,你的大脑就要立刻跳出这样的问题:"他是怎样取得这一结果的?"他希望你时刻追寻成功者的足迹,搞清楚他们是如何取得成功的,以便创造出你所希望的同样的成就。

# 第二章  信念——成功元源

> 成功的诀窍就是选择那些有益于你的成功和促使你达到目的的信念，摒弃那些阻碍你行动的信念。
>
> 如果相信奇迹，我们就会生活在奇迹当中。我们相信会成为现实的东西就会成为现实，我们相信会成为可能的一切都会成为可能。

你有过一些称心如意的经历吗？也许是一场篮球赛，你的每一次投篮都应声入网；也许是一次商业会议，在这个会议上你找到了一切问题的答案；也许是你做了一件你以前从来不敢想的事情，例如与你的梦中情人约会。当然，可能你也有过相反的经历——某一天你事事都不顺心，也许曾有几次把平时容易做好的事情弄得一团糟，似乎每一步都错了。

问题在哪里？你还是你，你支配的能力和力量还是那么多，为什么此时和彼时所获得的结果完全相反呢？为什么最优秀的运动员有时成绩突出，而有时却毫无建树呢？

罗宾认为，问题就在于当时你所处的神经生理状态，如果你正处在兴奋的状态——自信、精力充沛、愉快、有信心——就能最大限度地激发人的力量；而如果你处在麻痹的状态——迷惑、沮丧、恐惧、担忧、压抑——则使我们没有力量。人们都会产生好的和不好的状态。

## ❧ 状态是取得成功的关键

理解状态是取得成功的关键。

事实上，你的行为就是你所处状态的结果。你一般总是最大限度地利用你的有效力量，但有时却发现自己处于不合理的状态。在我们的生活中都有这样的情形，当我们处于一种特殊状态时，就说一些或做一些过后感到后悔和难堪的事。也许你也有过这样的经历。你能随心所欲地使自己处于一种最佳状态——一种兴奋的、肯定能成功的、身体充满了力量的、精神高度活跃的状态吗？你当然能处于这样的状态。

读完这本书后，你就能学会怎样使自己随时处于精力充沛的状态，而摆脱不利的状态。记住，赋予自己动力的关键就是采取行动。本书的目的就是告诉你怎样利用促使你采取果断的、持续行动的状态。

我们可以把状态定义为体内无数神经生理过程的总和。换句话说，就是某一时刻我们各种体验的集合。我们看见某件事，通过进入某种状态来对其做出反应，这种状态可能是有力的、有用的状态，也可能相反，但我们多数人都无法控制它。失败者与成功者之间的区别，就是失败者不能使自己进入积极状态，而成功者则可以使自己进入让他们达到目的的状态。你在饭馆里碰到过非常不礼貌的女服务员吗？是否认为她总是这样？如果她总是这样的话，也许是她的生活很不幸，

但还有可能的是这天她过于疲倦，也可能是有些顾客没给小费。她并不坏，只是处于一种不好的状态。如果你能改变她的状态，就能改变她的行为。

成功者都有要把事情做好的强烈欲望，他们认为取得成就是非常重要的，并且拼命去争取。他们不管本身的潜力大小，总是充分加以发挥，用尽他们的所有力量，使自己始终处在最佳状态。即使去做极小的事情，也会集中精力去做得尽善尽美。

著名律师吉姆从小家境贫寒，靠奖学金进入大学并获得了优异成绩。后来，他为许多名人担任辩护律师，在许多方面取得了成就。他对成功的想法是："当我把自己的体力、智力、想象力、创造力和精力全都发挥到最大限度的时候，我感到了心满意足。不管陪审团最后做出什么样的裁定，我知道，以我自己的标准来衡量，我已经取得了成功。"他相信，人人都可以取得成功。

"我认为成功或者胜利这个词的定义是发挥你最大限度的能力——包括你的体力、智力以及精神和感情的力量，而不论你做的是什么事。如果你做到了这一点，你就会感到满足，那么你就是个成功者了。"

这位杰出律师是个认真下工

23

夫、对于做出成就感到非常喜悦的成功者。在其他领域里获得成功的人,都具有一心进取、发挥才干、竭尽全力的特点。

另一位成功者——著名影星简·方达,也表达了同样的思想:"生活当中唯一有价值的便是尽一切可能把事情做好。当然,人应该欢笑、应该作乐。但若是无所成就的话,有什么可以欢乐的呢?"

## 控制你的状态

人们所希望的每件事几乎都有某种可能性。你希望被爱吗?当然希望。爱是一种状态,一种向我们自己传送的感情和情绪。你希望自己自信、受到尊敬吗?罗宾告诉我们:这些都可以创造。你也许希望得到财富,不过你关心的并不是那几张上面装饰有各种死去了显贵们的面孔的纸片,而是能代表你的财富:自信、爱、自由或其他任何你认为有用的东西。因此,获得爱的关键、获得快乐的关键、获得一种人类寻求了多年的力量——引导生命的能力——的关键,就是知道怎样引导和控制你的状态。

在生活中,引导你的状态去获得你所希望的结果的第一个关键,就是学会有效地运用你的大脑。为了达到这一点,就必须了解大脑是

怎样工作的。首先我们必须了解状态是怎么产生的。很久以来,人们一直致力于探讨改变状态,进而使生活更加美好的方法。他们做过各种尝试,但却没有完全解决问题。而现在,你将了解到更简单、有效的方法。

如果所有的行为都是所处状态的结果的话,那么所处的状态不同,所产生的交流和采取的行动就会不同。人们所处的状态是如何产生的呢?状态有两个组成部分:第一是我们的内部想象,第二是我们的生理状况和运用情况。你对自己所处的环境做出什么样的想象、怎样想象,以及怎样与自己交流、交流些什么,就形成了你所处的状态,进而形成了你所采取的行动类型。比如,你的爱人回家晚了,你会怎样对待他(她)?当他(她)陈述迟到的原因时,你对她(他)的态度极大地取决于你所处的状态,而你的状态很大程度上又取决于你内心对他(她)迟到的原因的想象。如果几个小时里你心里一直想象他(她)出了车祸、流了血、死了或者去医院,那么当他(她)走进门的时候,你可能会用眼泪或如释重负的感觉来迎接他(她),或者紧紧地拥抱他(她),问他(她)发生了什么事。这些行为都是基于一种关心的想象。但是,如果你心中想象的是你所爱的这个人有

了第三者，或者你一再对自己说这个人迟到只是因为对你的时间和感情并没有放在心上，那么，当他（她）走进门时，由于你这种想象，你对他（她）的反应就会截然不同，从而导致完全不同的行为。

那么，是什么使人在关切的状态下做出一种想象，而在怀疑和愤怒的状态下做出另一种想象？罗宾认为这有很多原因。可能是模仿他们的父母和其他人在这种情况下的反应。比如，你在小时候，当你父亲回家晚了以后，你的母亲总是很担心，那么你长大以后在这种情况下也会做出同样的想象。如果你母亲谈到她是如何不信任你的父亲，那么你也可能模仿她这样做。因此，我们的信念、态度、价值观和我们过去与某个特定的人的交往经历都将影响到我们的想象方式。

影响我们对这个世界的认识和反应方式的另一个更重要的因素，就是环境和利用我们生理状况的方式。例如我们肌肉的紧张程度、我们吃的东西、我们呼吸的方式、我们姿势等都会影响我们的状态。我们的生理状况和内部想象都是在一个控制回路中进行的，任何事情如果影响其中的一个，必定会影响另一个。因此，改变状态就涉及改变内部想象和生理状况。想一想，在你感到愉快或生气时，你不是觉得这个世界与你在疲惫或生病的时候不一样吗？你的生理状况准确地操纵着你对外界的想象方式。当你认为事情很难办时，你的身体会做出同样的反应，变得紧张起来。因此，这两个因素，内部想象和生理状况常常相互影响，从而产生我们所处的状态。而我们所处的状态又决定着我们采取的行为类型。因此，要控制和引导我们的行为，就必须控制和引导我们的状态；而要控制我们的状态，就必须控制和有意识地引导我们的内部想象和生理状况。要想象在任何时候都可以完全控制你的状态。

##  改变现实的想象

安东尼·罗宾告诉我们，在引导我们的生命历程之前，首先必须理解我们的生命历程是怎样发展的。人类是通过特殊的接收和感觉器官来对其周围环境进行认识和反应的。这些器官有五种：味觉、嗅觉、视觉、听觉、触觉。多数情况下我们只是利用其中的三种：视、听、触觉系统来做出影响我们行为的决定。

这些特殊的接收器官把外部的刺激传送给大脑，大脑通过概括、变形、删除过程，提取信号，并把它们渗入内部想象中去。

因此，你对某事件的想象和体验并不完全能表现出实际情况，而是你内部想象的表现。每个人的头脑并不能完全利用它所接收到的信号，如果你可以感受到来自各方面成千上万的刺激的话，你可能会发狂的。因此，大脑提取并贮存它所需要的或者以后可能需要的信息，而把其他的删除。

罗宾说这种选择过程决定了人类知觉过程中的巨大范围。两个人看见同一次交通事故，可能给予非常不同的描述：一个人可能注意他看到的，而另一个人则可能注意他听到的，他们是从不同的角度来看待这场事故的。一开始，他们感知这场事故的生理状况就不同，一个人视力可能正常，另一个人可能生理状况较差。也许一个人曾经历过一次交通事故，对此仍记忆犹新。对任何事情，不同的人都会有不同的反应。

在NLP中有一个很重要的命题——"地图非国土"。正如阿尔布雷德·科齐布斯基在他的《科学与智慧》一书中所表明的："应该强调一下地图的重要特点，地图不等于它对应的国土。"对于人来说其意义在于：人们的内部想象不是事件的精确复制，而是通过特殊的个人信念、态度、价值观和一种叫超程序的东西进行选择以后的一种解释。这

也正如爱因斯坦曾经说过的："无论谁想使自己成为真理和知识的译制员，都会在上帝的笑声中遭到毁灭。"

既然我们不知道事情的真实情况如何，知道的只是我们自己对它们的想象，那么，为什么不以一种给我们自己和别人都带来力量的方式想象它们，而要自己限制自己呢？

接下来讲的故事跟一个小男孩有关，男孩的父亲是位马术师，他从小就跟着父亲东奔西跑，一个马厩接着一个马厩，一个农场接着一个农场地去训练马匹。由于经常四处奔波，男孩的求学过程并不顺利。

初中时，有一次老师叫全班的同学写一篇题目为"长大后的志愿"的文章。

那晚他洋洋洒洒写了7张纸，描述他的伟大志愿，那就是想拥有一座属于自己的牧马农场，并且仔细画了一张200亩农场的设计图，上面标有马厩、跑道等的位置，然后在这一大片农场中央，还要建造一栋占地4000平方英尺的巨宅。

他花了好大心血把文章完成，第二天交给了老师。两天后他拿回了文章，第一页上打了一个又红又大的F，旁边还写着一行字：下课后来见我。

脑中充满幻想的他下课后带着报告去找老师："为什么给我不

及格?"

老师回答道:"你年纪轻轻,不要老做白日梦。你没钱,没家庭背景,什么都没有。盖座农场可是个花钱的大工程,你要花钱买地、花钱买纯种马匹、花钱照顾它们。"他接着又说:"如果你肯重写一个比较不离谱的志愿,我会重打你的分数。"

这男孩回家后反复思量了好几次,然后征询父亲的意见。父亲只是告诉他:"儿子,这是非常重要的决定,你必须自己拿定主意。"

再三考虑之后,他决定原稿交回,一个字都不改他告诉老师:"即使不及格,我也不愿放弃梦想。"

20 多年以后,这位老师带领他的 30 个学生来到了那个曾被他指责的男孩的农场露营一星期。离开之前,他对如今已是农场主的男孩说:"说来有些惭愧。你读初中时,我曾泼过你冷水。这些年来,我也对不少学生说过相同的话。幸亏你有这个毅力坚持自己的目标。"

小男孩并没有把驯马的流浪生活看成是一种贫穷的漂泊,而是将它看做是自己建立牧场的基础,并去实现它,他成功了。你要记住,没有什么东西天生就是好的或坏的,关键是自我想象的方式。我们能以一种使我们处于积极状态的方式想象所发生的事情,我们也可以做出相反的想象。

## 🌸 驾驭你的想象

在生活中,如果想象环境对我们不利,那么环境就会真的对我们不利;如果想象环境对我们有利,那么我们就能创造出一个支持我们取得积极结果的状态以至于改变环境。特德·特纳、李·艾科卡、米歇尔与其他人的区别,就在于他们把这个世界想象成一个他们能发挥才华、大展宏图的地方,觉得在这里能干成他们想干的所有事情。显然,即使我们处于最佳状态,也不一定会达到我们预期的目的,但在我们创造适宜环境的同时,就创造了充分利用我们所有力量的最好机会。那么,在我们处于这样的状态时,决定我们采取各自特殊行为的又是什么呢?一个堕入情网的人会拥抱你,而另一个人则可能只告诉你她爱你。答案是,在我们处于一种状态时,我们的大脑就开始行为选择,选择的数量由我们对这个世界的模仿程度而定。

罗宾强调在模仿别人的时候,必须要求找出他们的特殊信念,正是这样的信念使他们以一种促使自己采取有效行动的方式去想象这个世界。我们必须准确地弄清楚他们对自己的经历是如何想象的?他们在内心看见了些什么?说了些什

27

么？感觉到了什么？再说一遍，如果我们能重复他们的这些内心的活动，我们也能取得同样的成就，这就是模仿的全部含义。

在生活中，任何结果都是由行动产生的，任何行动都会产生一定的结果。如果你不能在意识中确定你希望达到的目标，并做出相应的想象，那么某些外界的刺激——一次谈话、一部电视剧，或其他任何东西——就可能使你采取无助于你的目标的行动。生活总在不断运动之中。如果你不采取周密的、自觉的行动，使你朝既定的方向前进，那你只能听任生活的摆布。如果不在生活这片沃土上播下你希望的种子，那么杂草就会自动占领其地。如果我们不有意识地引导我们的精神和状态，我们周围的环境就会产生出我们不希望的灾难性的状态，我们的目标就会落空。因此，关键的一点就是我们必须保证持续不断地对我们的环境做出想象。我们必须每天都在我们生活的花园中耕耘。

创造性的期待与努力成一体。努力意味着跃跃欲试。记住：只要你试一下，你就在那儿了。你期待自己的到达，因为你在运动，你在努力。

你可以运用"想象发展"这种使你飞黄腾达的意志力。

走进你的暗室，拿出你的电影放映机。

现在把影片打在银幕上。

仔细观看你自己心灵的银幕。

你看到什么？

你看到成功的影片——这是我们今天的特征：重量级冠军凶猛地出击；女演员含情脉脉催人泪下；一位政客把自己的声誉押在自己强硬的演说词中。影片中共有三位胜者。

你应该用这种想象力把自我成功的影像投射在你的心灵里，以此发展自我成功的意志，创造成功的力量。

接着你一次又一次看到自我过去的成功，自我此刻的胜利。

想象意味着行动。想象不是被动的，它是动态的、运动的，它随每天环境的需要而不断变化。

积极的思考是必要的，但你还应更进一步，你应该积极地去做。你应该润滑自己的大脑机器，加速马达的运转，达到自己的目标。

## ❧ 让状态为你服务

我们如果能控制自我交流，那么，即使是在成功的可能性受到限制或几乎不存在的状况下，也能不断取得积极的结果。那些成功的人都能在外部条件似乎毫无希望的情况下，仍以向自己的神经系统传送成功信号来想象自己的生活环境，从而使自己处于一种完全兴奋的状态,使自己不断地采取行动直到成功。安东尼·罗宾曾讲一个关于叫梅尔的人的故事,梅尔花了17年的时间寻找埋葬在海底的珍宝,最后发现了价值4亿多美元的金条和银锭。有人问一个船员,他为什么能坚持那么长的时间?这个船员回答说,因为梅尔具有使每个人都处于兴奋状态的能力。梅尔每天都对他自己和全体船员说,今天有今天的胜利,明天有明天的胜利。但光这样说是不够的,他还用适当的声调说出这两句话,并且从他的心里和感觉上描绘一番。他每天都使自己处于一种促使他不断采取行动直到胜利的状态之中。他的经历是"最佳成功准则"的最好例证。他知道他的目标,采取了行动,他对所取得的结果进行分析——如果这样的结果不是他所希望的东西,他就去做别的尝试,直到成功。

记住,我们的行为是我们所处状态的结果。如果你获得了一个成功的结果,那么,你就能通过重复你曾采取的精神和生理行为而重新获得这样的结果。

一般很少有人采取有意识的行动去引导他们的状态。在任何领域,人与人之间的区别之一就是如何有效地引导自己的力量和能力。这在体育运动中最明白不过的了。

不会有人在任何时候都能取得成功,但有些运动员却有能力使自己几乎随时处于最佳竞技状态,应付紧急情况。

状态变化是大多数人所追求的。人们希望幸福、快乐、受人重视,希望心平如镜,力图摆脱他们不喜欢的状态。例如,一般情况下,人们在感到灰心、愤怒、沮丧时会打开电视,看那些能使他们具有新的想象的节目;或者出去吃饭、抽烟或吸毒;积极一点的去锻炼身体。这些办法都能使他们暂时解脱烦恼,但问题是其不能持久。电视节目完了,他们又重新回到生活的现实之中,甚至会感到更糟。状态的暂时改变将使你付出一定的代价。本书告诉你如何直接改变你的内部想象和生理状况,而不要借助外力,借助外力从长远来看常会产生一些副作用。

那些取得成功的人都掌握了最大限度地发掘他们大脑中潜在力量的技巧。这就是他们出类拔萃的原因。你的状态同样具有巨大的力量,你能够控制它,不必听凭任何东西的摆布。

## ❀ 信念的魔力

前面说过,还有一个因素决定我们对生活做出想象,它也具有巨

29

大的力量。现在让我们来看看这种因素魔幻般的力量……

请看下面这则故事。

有一位胆小的骑士，去到魔法师那里学习"屠龙术"。这位骑士第一天就向魔法师坦白说自己是个胆小鬼，他确信：他一定会因过分害怕而无法杀龙。魔法师叫他不要担心，因为他可以给他一把杀龙的"魔剑"。只要这把魔剑在手，无论你面对的是多么凶猛的一条龙都不可能失败。因为有了这样一个正式魔法的支持，那个骑士感到非常高兴。魔剑在握，任何骑士，不管他是多么的没有用，都能够杀龙。那个怯懦的骑士用那把魔剑杀死了一条又一条的龙，营救了一个又一个的少女。

在这个课程快要结束的时候，魔法师对他的学生做了一个小小的测验，派他到野外去杀龙。在一阵兴奋当中，他很快地来到了洞口，要解救一个被绑的少女。这时，那条口中喷着火、张牙舞爪的龙冲了出来。这位年轻的骑士把剑抽出来准备与这条正在发威的龙作战。正当他要动手的时候，他发现他拿错了剑，这支剑并不是那把魔剑，只是一把普普通通的剑。

但是想要停下来已经来不及了，他利用娴熟的技巧紧紧握着那把普通的剑挥了一下，出乎他的预料，那条龙的头居然就这样掉了下来。

腰间系着那条龙的头，手中拿着那把剑，后面还拖着一个少女，他回到了魔法师那里，他赶忙将他的错误以及他那无法解释的"勇气恢复"告诉魔法师。

当魔法师听完那位年轻骑士的故事之后，他笑了，他对那位年轻骑士说："我想你现在大概已经知道了：没有一把剑是魔剑，没有一把剑曾经是魔剑，唯一的魔法在于相信。"

约翰·斯图尔特·米尔曾经写道："一个有信念的人的力量相当于99个只有兴趣的人的力量。"这准确地描述了为什么说信念打开了通向成功的大门。

信念就是能给生命提供意义与方向的指导原则。信念是有组织的，是我们选择对世界看法的过滤器。当我们确信某件事时，信念就会给我们的大脑发一项命令，告诉我们如何对已发生的一切做出想象。

信念会直接给你的神经系统传送指令。当你相信某事时，你就会进入这种状态。如果进行有效控制，信念就有可能成为你达到最终目的的巨大力量。反之，限制你行动和思想的信念也可能使你遭到损害。从历史上看，宗教使千百万人拥有力量，促使他们去做那些他们认为不可能做到的事。信念能帮助我们挖掘潜藏在体内的力量，并且引导这种力量去实现我们的目标。

信念是引导我们向最终目的努力的向导和指南，并能随时告诉我们努力的程度。没有信念，人们就会完全失去力量，就像一条机动船没有马达和舵一样。有了信念，你就有力量去创造你所希望的世界。信念使你明白自己需要什么，并且给你力量去得到它。

## ✤ 对人生影响最大的信念

事实上，在人类行为中最具引导力量的就是信念。从根本上说，人类历史就是人类信念发展的历程。那些改变了历史的人——无论是耶稣、穆罕默德、哥伦布、爱迪生还是爱因斯坦——都改变了我们的信念。要改变人们的行为，必须从改变人们的信念开始。如果我们要模仿别人的成功，就一定要学会模仿他们的信念。

罗宾发现，我们对人类行为了解得越多，就对信念赐予可以改变我们生命的非凡力量了解得越多。这种力量以多种方式发挥。即使在生理状态方面，信念也能起控制作用。有人曾经做过一个有关精神分

裂症方面的著名实验，实验的对象是一位有分裂性格的妇女，一般情况下，她的血糖处于完全正常水平，但当她认为自己患了糖尿病时，她的整个生理状况就变成了她患有糖尿病的状态。她的信念变成了现实。

大多数人都知道安慰药品的作用。某人被告知一种药具有某种效力，那么即使将没有这种效力的药给他，他也能体验到这种效力。罗曼·卡辛斯在治病过程中曾亲身体验到这种信念的力量。他说："在康复过程中，药并不总是必需的，而信念却是必需的。"

威尔博士通过实验证明，药物的药效与受试者的期望完全一样。这则实验是以 100 个医学院学生为对象，共分为两组，每一组各 50 人。第一组人分配了红色胶囊包装的兴奋剂，第二组人则分配了蓝色胶囊包装的镇静剂，虽然是这么说，可是实际上胶囊里面的药粉却调了包，并且未让学生们知道。结果两组学生的反应都如先前所以为的那样，吃了红色胶囊的一组很兴奋，吃了蓝色胶囊的一组则很平静，由此可见他们的信念压制住了身体服用药物的化学反应。威尔博士因此推论，药物的功效不仅得看药性，同时还得看病人是否相信药物的药效。

在上面例子中，有一点是重要的，那就是，对结果影响最大的是一

个人的信念,是持续不断地传送给大脑和神经系统的信号。信号是一种状态,一种引导行为的内部想象。信念可以使你充满力量——相信我们能在某事上成功或完成某事;它也可能使你灰心丧气——认为我们不能成功,如果你相信自己会失败,那么这种信号就会让你体验到失败的感觉。记住,不论你相信自己能做某事或不能做某事,你都是对的。这两种信念都有巨大的力量。问题是哪种信念是应该有的,我们如何培养这样的信念?

安东尼·罗宾提示我们信念是一种选择,可能你不以为然,但那确确实实是一种有意识的选择,你可以选择对你进行限制的信念,也可以选择支持你行动的信念。成功的诀窍就是选择那些有益于你的成功和促使你达到目的的信念,摒弃那些有碍于你行动的信念。

人们对信念经常最大的误解是,认为信念是一种静止的、关于智能方面的概念,是与行为和结果不相干的概念。而实际上信念之所以是通向成功的大门,就是因为它不是静止的、孤立的概念。

科学家几乎能够分析及解释任何一种现象,却无法说明为何人的信念可以改造人类的大脑,让它坚定地达成既定的目标。

每一个人来到这个世界,都带

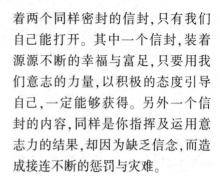

着两个同样密封的信封,只有我们自己能打开。其中一个信封,装着源源不断的幸福与富足,只要用我们意志的力量,以积极的态度引导自己,一定能够获得。另外一个信封的内容,同样是你指挥及运用意志力的结果,却因为缺乏信念,而造成接连不断的惩罚与灾难。

人类最神奇的特质是,必须经历悲剧、失败或某种不幸,才会具有积极的意志力和无穷的力量。

信念是你最大的无形资产,你必须以积极的态度,才能得到帮助。记住,我们都只是庸人自扰。未经你的同意和充分的合作,没有人可以使你生气或是恐惧。

## ✣ 信念的源头

现在,让罗宾带我们回头想想,信念是什么?它是一种事先组织好的、持续不断地引导我们自我交流的感知方法。那么,信念又是从何而来呢?为什么有些人的信念使他们迈向成功,而有些人的信念使他们失败呢?如果我们都想模仿促进成功的信念,那我们先让罗宾告诉你这些信念是从哪儿来的。

罗宾认为,信念的第一个来源就是环境。"近朱者赤,近墨者黑",这已经被许多事实所证实。生活中最令人讨厌的不是那些不良的情绪,这些人们都可以克服。真正的恶果是环境对信念和理想的影响。如果你眼前看到的全是失败、绝望,那么就会使你很难产生对成功有利的想象。前面我们曾经提及,要成功就要进行持续不断的模仿。如果你在富有和成功的环境中长大,那么,你就很容易模仿富有与成功。如果你在贫困与失望中长大,那么,你就很容易形成贫困与失望的信念。

安东尼·罗宾曾做过一项试验。他找来一些流浪在城市街头的人,给他们提供食物,关心爱护他们,请他们把自己的生活情况告诉他,他们对现在住的地方的感觉怎么样,为什么会有这样的感觉。然后,罗宾把他们同那些尽管遭受了精神和生理上巨大灾难但却改变了生命价值的人做了一番比较。

其中有一个28岁的男子,他强壮、聪明、英俊。他为什么会如此不幸福,而要浪迹街头?而米歇尔——至少在外表上他已没有多少能力去改变他的生活——却如此幸福?这是因为在米歇尔成长的环境中,那些克服巨大不幸而创造了幸福生活的人为他树立了榜样,使他自己创造了一种信念:"我也可以做到。"相比之下,那个年轻人。别人叫他乔治,他所生活的环境中却没有这样的模式。他母亲是个妓女,父亲因杀人而进了监狱。他8岁时,

父亲使他染上了吸毒的恶习。这样的环境自然促使他相信活命的方法就是浪迹街头,盗窃,通过毒品来解脱痛苦。他相信,如不小心,别人就会占你的便宜,因此使他们互不信任,互不关心。那天晚上,安东尼·罗宾同他在一起,改变了他的信念系统,结果,以后他就再也没有回到街上去流浪。从那天晚上起,他戒了毒,开始工作。现在他已经有很多好朋友,以一种新的信念生活在一个新的环境中,产生了新的结果。

芝加哥大学的本杰明·布拉德研究了100名取得巨大成功的年轻运动员、音乐家和学者,他惊奇地发现,这些天才并不是一开始就闪现出成功的光辉的。

相反,他发现任何天才的标志都出现在他们具有"我将成为天才"的信念之后。

安东尼·罗宾告诉我们环境是信念最有力的触发器,但它不是唯一的触发器。如果它是唯一的触发器,那么,我们只会生活在一个永恒不变的世界中,富有的人永远富有,贫困的人永远贫困。幸运的是,其他经历和学习的方式也能成为信念的来源。

大小事件都能激发信念。在人的一生中,有些事情永远也不会忘记。美国"9·11事件"的那天你在哪里?如果你记得那一天的话,我

33

肯定你会知道你在哪里的。对很多人来说，这是一个永远改变他们世界观的日子。同样，大多数人都有过永远也不会忘记的经历，这些经历对我们的影响是如此之大，以致永远铭刻在我们的大脑中。正是这样的经历构成了能改变我们命运的信念。

理查·派迪是运动史上赢得奖金最多的赛车选手。他从没忘记就是自己母亲的一句话改变了他的信念。当他第一次赛完车回来向他母亲报告赛车的结果时——

"妈！"他冲进家门叫道："有 35 辆车参加比赛，我跑了第二。"

"你输了！"他母亲回答道。

"但是，妈！"他抗议道："你不认为我第一次就跑个第二是很好的事吗？特别是这么多辆车参加比赛。"

"理查！"她严厉地说道："你用不着跑在任何人后面。"

接下来的 20 年中，理查·派迪称霸赛车界。他的许多项纪录到今天还保持着，没被打破。他从未忘记他母亲的挑战——"理查，你用不着跑在任何人后面！"

形成信念的第二个途径就是知识。直接经历只是获取知识的途径之一。知识可以通过很多途径获得。知识是改变不良环境的最佳工具之一。不管现实多么冷酷无情，只要你能读到有关其他人如何成功

的书，你就能树立起必胜的信念。现代世人皆知的世界首富——电脑奇才比尔·盖茨，小时候喜欢的不是一般的儿童漫画。而是世界名人传记，这其中他最喜欢的是《拿破仑传》。正是这些传记使他从小就奠定了必胜的信念，使微软得以称霸全球软件业。

形成信念的第三个途径是我们过去做某事的结果。形成你做某事的信念的最好办法就是你先尝试做一次。如果第一次成功，那么，你就很容易地形成成功的信念。这就如同过独木桥，如果你过了第一次，第二次就更容易。

这就像你学习骑自行车一样，一旦你摆脱了他人的搀扶，可以自己平衡向前。你就是想变得不会骑也不可能了，会骑车已经成为你生命技能中的一部分。其他的事也是类似，一旦你成功一次，你就会自然地掌握下次成功的技巧，它也形成了你必胜的信念。

相信自己能干成某事，就能完成自己的诺言。

建立信念的第四种方式就是你的头脑中的想象：你希望将来可能体验的感觉好像现在就已体验到了。正如你过去的经历可以改变你的内部想象，使你相信某件事形成信念一样，你对未来经历的想象性体验也能改变你的内部想象，形成

34

信念。我们把这叫做提前体验结果。当你感到所处的环境无法使自己处于积极的状态时，可以根据你所希望的方式去改变你的状态、信念和行为，从而创造出你所希望的环境。罗宾举例说，如果你是一个商人，那么是赚1万美元容易，还是赚10万美元容易？实际上是赚10万美元更容易。这其中的奥秘就是，如果你的目标是赚取1万美元，那么你真正打算做的就是赚取足够的钱以付清账单。如果这就是你的目的所在，那么，你认为你在工作时会处于兴奋、有力的状态中吗？你会以兴奋的心情想：我必须努力工作，如此才能获取足够的钱以支付那些讨厌的账单吗？

然而，不管你希望赚多少钱，电话还是要打，人也还是要会见，货物也还是要往来。因此，赚10万美元比赚1万美元能使你更激奋，更有动力。这种激奋状态比只是希望谋生更能使你采取持续行动，发掘出更大的潜力。

很明显，钱并不是激励你的唯一动力。不管你的目的是什么，如果你的心目中对你所希望的结果产生了一种清晰的想象，并且觉得已经取得了这样的结果，那么它就会帮助你创造能使你达成那个结果的状态。

## 🔹 关于你的信念

前面所讲的是形成信念的方式。我们中间大多数人的信念都是随便形成的，不加选择地接受周围世界给予的一切。本书的主要目的之一将告诉你，你不是水中的浮萍，你能够把握自己的命运，创造自己的生活。你能控制你的信念，控制你模仿别人的方式，能有意识地引导你的生活，能改变你的一切。

请你花点时间列出过去限制过你发展的五种信念：

    1.

    2.

    3.

    4.

    5.

现在，再列出至少五种目前能帮助你实现最高目标的信念：

    1.

    2.

    3.

    4.

    5.

安东尼·罗宾强调：你做的每种叙述都有时间限制，这些叙述并不是绝对的，只是在某时对某人来说是真实的。如果你的信念系统是消极的，那么它一定会产生有害

35

的影响。只要你意识到你的信念系统是可以改变的,就可以改善这一点。

你的内部想象和信念几乎是以同样的方式发挥作用。如果你不喜欢,你可以改变它们。我们的生命主要是受到在过去岁月中无意识形成的可能性、成功、幸福的信念左右的,关键是要使这些信念为我们所用,使它们产生积极的、有力的效果。

## ✤ 想成功就必须选择必胜的信念

36

罗宾不止一次谈到过模仿的重要性。对成功的模仿开始于对信念的模仿。有些事情的模仿要花时间,但只要你能读书、能思考、能听到声音,你就能模仿世界上最成功的人的信念。

如果你想成功,那么你就必须仔细地选择你的信念,必须意识到发掘潜力、达到目的,都是始于信念的运动过程的一部分。罗宾根据下图所表示的方向来考虑这种过程。

如果一个人认为自己不能做某事,如果他说自己是一个坏学生,如果他希望失败,那么,他的潜力能发掘出多少呢?不会太多。他已经把

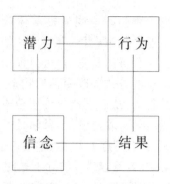

失败的信号传给了他的大脑。从这种期望出发,他可能会采取什么样的行动呢?会采取自信、始终如一、充满力量的行动吗?这些行动会反映出他的真正潜力吗?不可能?选如果你相信将会失败,那还怎么努力去尝试?因此,你从强调将要失败的信息系统开始,你发掘出来的潜力就非常有限,你的行动就会半途而废。这将会使你消极的信念更加强烈,这就形成了恶性循环。

失败孕育着失败。那些不幸的人和那些一事无成的人都是因为他们很长时间没有获得他们希望的结果,从而使他们不再相信能取得自己所希望的结果了。他们很少发掘或者不发掘他们的潜力,而是得过且过。

相反,如果一开始你的希望就很高——相信自己一定能成功,那么你将发掘出多大的潜力呢?也许非常大。你会采取什么样的行动呢?会使自己半途而废吗?当然不会!你会兴奋,会充满力量,会非常

希望成功,你会高速度、高效率地行动。如果你付出了这样的努力,就可能会产生非常令人兴奋的结果。这对你树立将来取得成功的信念会有什么影响呢?当然会促使你形成良性循环。从这一点来看,成功孕育了成功,而且产生更大的成功,每一次成功都为更高一层的成功创造了更多的信念和动力。

有时获得成功不一定要有非常惊人的信念。有时人们获得巨大成功仅仅是因为他们不知道某事之困难或不可能做成。有时只要有一个简单的信念就够了。

有一位耶鲁大学的留学生,因为头一天的钟点工工作太累而在大学高数课上睡着了,等他睡醒时,教室已经只剩他一个人了,他看见黑板上有几道数学题,他以为是课后作业,就把题抄了下来回家去做。虽然他感到那几道题很难,但是他经过几天努力还是解出来了,当他把答案在下次课交给教授的时候,他的教授大吃一惊,因为那几道题是那堂课上讲到的迄今为止的一些数学难题,多少年以来没人能解开,却被这个学生以必须完成作业的信念给解开了。

生活本身比我们知道的要微妙得多,复杂得多。如果你不这样认为,那么就请重新考虑一下你的信念,看看哪种信念可以改变,改变成

什么样子。

你的现实就是你所创造的现实。如果你有积极的内部想象或消极的信念,那也都是你创造的。

## 🌸 成功的必备信念

我们的生活是由我们自己选择的,不管有意还是无意。如果选择幸福,我们就会得到幸福,如果选择痛苦,那么我们得到的也只有痛苦。现在,你已经知道信念是成功的基础,是我们做出关于怎样理解生命,怎样完成生命的基本选择。因此通向成功的第一步就是要找到引导人们去达到预期目标的信念。

安东尼·罗宾告诉我们,成功之路包括了解你的目标,采取行动,了解你所取得的结果,灵活地调整行为直到获得成功。信念也是如此,你必须找到有助于实现你的目标的信念——把你带到你想去的地方的信念。如果你现在的信念不是这样,那就扔掉它,重新寻找新的信念。

接下来要提及的几种信念,是罗宾在所模仿的成功者身上,发现的共同信念。要模仿成功,就必须从模仿成功的信念系统开始。罗宾发现这七种信念使人们具有更大的力量去采取更大的行动,取得更大的成绩。这并不是说它们是成功唯

37

一有用的信念,但它们是一个开端,可以引导出其他信念。下面你可以自己判断一下。

## ❧ 无论发生什么,都对我们有利

罗宾指出任何一件事情的发生都有其原因和目的,都是对我们有利的。帮助米歇尔战胜灾难的主要信念是什么?就是他决心接受发生在自己身上的一切,并且以尽可能的方式使这一切对他有利。在某些方面,所有成功者都具备一种不可思议的能力,能把注意力集中在所处环境中可能实现的事情上,集中在这种环境中可以导致的积极结果上。无论环境带给他们的挫折有多大,他们都能从一切可能的方面去考虑。他们相信每一个灾难都将会给他们带来相应的或更大的利益。

可以确定,那些取得辉煌成就的人都会这样考虑问题,对任何一种环境都可能做出各种不同的反应。从消极的结果中获得积极的结果却只有一个办法。

请看下面的故事:

当琼斯身体很健康时,他工作十分努力。他是农民,在美国威斯康星州福特·亚特金逊附近一个小农场里工作。但他好像不能使他的农场生产出比他的家庭所需要多得多的产品,这样的生活年复一年地过着,突然间发生了一件事。

琼斯患了全身麻痹症,卧床不起。他已处在晚年,几乎失去了生活能力。他的亲戚们都确信:他将会永远成为一个失去希望、失去幸福的病人,他可能再不会有什么作为了。然而,琼斯确实有了作为。他的作为给他带来了幸福,这种幸福是随他事业的成就而得来的。

琼斯用什么方法创造了这种变化呢?他应用了他的心灵。虽然他的身体麻痹了,但是他的心灵并未受到影响。他认为生活中发生的每件事对他来讲都是有利的,都是一个机会,虽然不能行动但他现在可以专心地思考了。

他能思考,他确实在思考,有计划。有一天,正当他致力于思考和计划时,他做出了自己的决定。

他要成为有用的人,他要供养他的家庭,而不要成为家庭的负担。

他把他的计划讲给家人听。

"我再不能用我的手劳动了,"他说,"所以我决定用我的心理从事劳动,如果你们愿意的话,你们每个人都可以代替我的手、足和身体。让我们把我们农场每一亩可耕地都种上玉米。然后我们就养猪,用所收的玉米喂猪。当我们的猪还幼小肉嫩时,我们就把它宰掉,做成香

肠,然后把它包装起来,用一种牌子出售。我们可以在全国各地的零售店出售这种香肠。"他低声轻笑,接着说道:

"这种香肠将像热糕点一样出售。"

这种香肠确实像热糕点一样出售了!几年后,"琼斯仔猪香肠"竟成了家庭的日常食品,成了最能引起人们胃口的一种食品。

琼斯活着看到他自己成了百万富翁。虽然他在生理上遇到了重重障碍,但他却成一个愉快的人。他很愉快,因为他是一个有用的人。

你也许认为不健康是一个不能克服的巨大障碍,如果你确是这样想的,你可以从米罗·琼斯的经历中获得勇气。

人生绝不会使我们陷入窘境。如果人生交给我们一个问题,它也会同时交给我们处理这个问题的能力。当我们受到激励去应用我们的能力时,我们的能力就会发生变化,变得更强。即使你处于不良的健康状态中,你仍然能过着对社会有用的幸福生活。

一般情况下,大多数人都把目光集中在消极的一面,而不是积极的一面。改变这种状况的第一步就是意识到这一点。有限的信念造就有限的人。关键是抛弃这种限制,以最大的努力采取行动。每个时代的带头人都能看到可能实现的东西,就算是在沙漠里也能看到绿洲。如果你坚定地相信某事能做成,你就很可能会做成这件事。

## ❧ 没有失败,只有结果

任何事情都没有失败,只有结果。对罗宾自己而言,这已经是一个自然而然的信念。这一点对你也非常重要。在这个世界上,很多人生来就很害怕失败这个词,但每个人都经历过这样的事:我们想要一个结果,但得到的却是另一个结果。曾经有过考试不及格,有过失去爱情的痛苦经历。之所以用"结果"一词,是因为这是成功者所看到的,在他们的眼里看不到失败,在他们的心里也不相信失败。

我们这个时代最伟大的成功者并不是没有失败过,只是他们认为,如果事情获得并非所希望的结果,并不意味着失败,而是得到一些经验,然后用这些经验去尝试其他的事情。他们采取某些新行动,于是获得某些新结果,更好的结果。

经验是今天超越昨天最宝贵的财富。那些害怕失败的人,事先就在心里想象事情是不可能的,正是这一点限制了他们的行动,否则,他们肯定能获得他们希望的结果。你害怕失败吗?那么,你又是怎样看

39

待学习的呢？你能从人类的每种经历中学到东西，因此，你也总是能成功地完成每件事。

马克·吐温曾说过："悲观主义者的观点是最糟糕的。"

他的话非常正确，那些相信失败的人几乎都是平庸之辈，伟大的成功者从来没意识到失败的存在。

让我们来看看某个人的生命历程：

31岁，经商失败；

32岁，竞选议员失败；

34岁，经商又一次失败；

35岁，经历恋人死亡的打击；

36岁，竞选失败；

43岁，竞选议员失败；

46岁，竞选议员失败；

48岁，竞选议员失败；

55岁，竞选参议员失败；

56岁，竞选副总统失败；

58岁，竞选参议员失败；

60岁，被选为美国总统。

这个人就是亚伯拉罕·林肯。如果他把以前的竞选失利当做失败的话，他还会有成为总统的可能吗？当然没有。

当托马斯·爱迪生改进电灯泡的尝试失败了9999次后，有人问他："你下一次会失败吗？"他说："我从没有失败过，我只是又一次证明了另一个制造不出电灯泡的方法。"

那些充满力量的人——运动场上的强者、人群中的领导者、艺术上的大师——都明白，如果试着做某事而没取得希望的结果，那么这只是一种反馈。可以利用这种反馈的信息，更明确地知道需要做什么才能取得希望的结果。巴克明斯克·富勒曾说过："不管人们学到的是什么，都必须看做只是不断摸索的结果，人们是通过失误来学习的。"有时我们是从自己的失误中学习，有时是从别人的失误中学习。

罗宾讲到：富勒用一个船舵作比喻。他说，当舵被扳向一边或另一边时，船的转动幅度并不完全是舵手所希望的，他必须修正转动幅度，把船向原来的方向上扳，从而不断地扳舵、调整、修正。你可以在心里想象一下——一个舵手在平静的海面上行驶，在航线上通过千百次的偏离、校正与校正、偏离的过程，悠闲地引导他的小船向目的地驶去。这是一个多么动人的想象，这是成功的生命历程的一个美妙模式。但我们大多数人并不这样考虑，他们把每一次失误都当做沉重的精神负担，这才叫做失败。

相信失败是一种精神障碍，把消极情绪贮存在你的大脑中就会影响你的生理状态、思维过程，进而影响你的精神状态。实际上，成功最大的限制就是人们对失败的恐惧。在《谁搬走了我的乳酪》一书中有这

40

样一个问题:"如果你知道自己不会失败,那你会做些什么呢?"仔细考虑一下这个问题,你会怎样回答?如果你真相信不会失败,那么你就可能不断采取一些新的行动,进而获得新的、期望中的结果。因此,你现在就该意识到:任何事情都不会有失败,只有结果。你每做一件事都是在产生一种结果。丢掉"失败"这个词而只看到"结果"这个词,努力从每一经历中吸取养分。

## 要勇于负责

不管发生什么事情,我们都应该负责。那些伟大的领袖和成功者不断听到共同的一句话就是:"我负责。我会处理的。"

罗宾告诉我们:成功者们都相信,不管发生什么事,不管是好事还是坏事,都是他们自己创造的,即使不是他们的生理行为所引起的,也是他们的思想所造成的。虽然没有哪一个科学家能证明我们的思想创造了现实,但这确实是一种有用的"假设",一种使人充满力量的信念。罗宾认为,人们的生活经历是人们自己创造的——或者通过行为,或者通过思想——因此,我们可以从中吸取有用的东西。

承担责任是一个人的力量与成熟的最好体现之一,是信念系数的

协作能力的一种体现。如果你不相信失败,如果你知道将要达到的目的,那么你就不会失去什么,通过承担责任你将能获得一切。

承担责任的大小也能区分一个人的能力差异。我们大多数人都有过试图向别人表示积极情感的经历。我们试图告诉某人,我们爱他,或者我们理解他的难处,而他接收到的并不是积极的信号。于是,他变得心烦意乱,表现出不友好的态度,而这时,我们又反过来感到心烦意乱,责备他,认为他应该负责任。这当然是解脱自己的一个简易办法,但并不是最明智的。实际上,你的交流方式可能就是造成这种局面的触发器,这是你应负的责任。这时,你最好改变你的语调、面部表情等等。我们说,交流的意义在于你所获得的反应。通过改变你的行为,你就可以改变你的交流方式。通过承担责任,你就具有改变结果的力量。

## 操纵一切,并不一定要理解一切

要操纵一切,并不一定要理解一切。这是很多成功者所坚信的又一信念。如果你研究一下那些精力充沛的人就会发现,他们有足以成

41

事的本领，但常常对他们要做事情的许多细节却不甚了了。

我们在前面就已经谈过，怎样模仿才能节省人们最不可替代的资源——时间。通过观察成功者，看看他们达到目的采取了哪些特殊行动，你就能在很短的时间内重复他们的行动，进而重复他们所取得的结果。时间是无法创造的，但成功者总是想方设法成为时间的守财奴，对任何事情，他们都提取他们所需要的精华，而舍弃其他部分。当然，如果他们被某事所吸引，比如他们想了解汽车是如何启动的，或一件产品是如何生产出来的，那么，他们就要多花另外的时间去了解。但他们总是知道自己需要什么，需要多少。

那些成功者都特别善于确定哪些东西是必须了解的，哪些是不一定要知道的。为了有效地利用本书的信息，有效地利用你这一生中所遇到的一切，你应该在利用和了解之间找到一个平衡点。成功者并不一定是那些拥有最多信息和最多知识的人。比尔·盖茨并不是世界上掌握电脑知识最多的人，但却领导着可以改变软件业发展方向的微软。

## 别人是你最大的力量源泉

别人是你最大的力量源泉。罗宾指出那些成功者——也就是说，那些取得巨大成就的人——几乎都具备一种非常强烈地尊敬他人和正确评价他人的意识。没有同别人的亲密联系，就不会有长久的成功，成功之道需要组织一个共同努力的集团。我们都看过关于日本公司的报道。在那里，职员和经理都在同一个自助食堂吃饭。他们的成功表明，只要尊重别人，而不是试图去操纵他们，就能成功。

能否和别人"融洽相处"要视你接受别人的程度而定。一个人或一个团体跟另一个人或团体发生冲突的最大原因是一方期望将他的价值观念加在另一方身上。海伦·凯勒说过："容忍是沟通的第一原则，也因为有这种精神，才能保有所有人类思想的精华。"原谅别人的过错，欣赏别人的成功，能倾听别人的意见是真正的成熟。

不论在任何行业，成功的秘诀是了解别人要什么，慷慨地去帮助他们得到。如果你帮助别人成功地实现他们的梦想，你就等于实现了自己的梦想，你在一生中会得到许

42

多朋友。如果你想成为一个失败而不幸的人，你只需去讨那些"中你心意"的人喜欢。

接受每个人都有优点和缺点这个事实，他们跟你一样。"你愿意别人怎样待你，你就应怎样待人"乃是建立良好人际关系的金科玉律。

同上述几种信念一样，这种信念也是说起来容易做起来难。尊重别人的观念——不论是在家里还是在公司——都容易只在口头上接受，而不易贯彻到行动中去。

在阅读本书时，请你在心中记住舵手在他控制的小船驶向目的地时不断校正航向的形象。生活之舟也是这样，我们要始终保持警觉，不断地调整我们的行为，保证我们向预定的目标努力前进。成功者常常这样问他们周围的人："我们怎样才能把这件事办得更好？""我们怎样才能确定这一点呢？""我们怎样才能取得更大的成就呢？"他们知道，一个人，不管他有多么英明，要与一个有效集团的共同智慧相抗衡是非常困难的。

## ❧ 工作也是一种消遣

你听说过通过一个人在做着他不喜欢做的事情而获得了巨大成功吗？成功的关键之一就是把你所要做的事与你的爱好有机地结合起来。帕布诺·毕加索曾说过："工作使我感到轻松，无所事事或接待来访却使我感到疲惫。"

也许你不能像毕加索那样去画画，但你可以尽最大努力找到一个能使你受到鼓舞、使你感到高兴的工作。马克·吐温曾说过："成功的秘诀在于把你的工作当做休假。"

你或许听说过很多为免遭辞退而拼命工作的人的事。有很多人的工作变成了一种对他们身心有害的负担。他们似乎从工作中找不到丝毫乐趣，但却又无能为力。

但是，另一些人以我们大多数人看待消遣的方式来看待工作，他们把工作看做是一种扩展他们自己、学习新事物、发掘新生活源泉的方式。

是不是有些工作对一些人有好处而对另一些人没有好处呢？确实如此，关键就是要寻找对你有好处的工作。你目前所干的工作就是这样的工作。如果你能创造性地去做你现在的工作，那么就会有助于你以后做好任何工作。

如果你以对待消遣的好奇兴趣和蓬勃生气去对待你的工作，你就会丰富你的世界，丰富你的工作内容。

43

## 🌼 没有信念就不会有最后的成功

罗宾最后强调:没有信念就不会有最后的成功。那些成功者们都相信信念的力量。如果说有一种与成功几乎无法分开的信念,那就是:没有伟大的信念就不可能有伟大的成功。只要随便看看哪个领域的成功者,你就会发现,他们不一定是最优秀的、最有才能的、最有力量的人,但肯定是最有信念的人。

我们在任何领域都可以看到这一点,即使是对那些天赋起很大作用的领域来说也是如此。看看体育界,是什么使拉里·伯德成为最优秀的篮球运动员之一呢?有很多人至今仍然感到吃惊,他个子很矮,弹跳力也不好,但在运动场上却异常成功,这是因为,首先他具有坚定的成功信念。他的训练更刻苦,他的意志更顽强,他在场上更拼命,他几乎比任何人都能更淋漓尽致地发挥他的技巧。著名的高尔夫球手伍兹并没有什么特别的地方,他的生理条件同其他队员差不多,但他的教练对他感到十分惊奇,他说:"我还从来没见过比他训练更刻苦的人。"生理状况与优秀运动员并没有什么特殊的联系,只有信念才能使优秀的运动员脱颖而出。

在任何领域,信念都是成功的重要组成部分。罗宾曾听人谈起过迈克尔·杰克逊,说他是一个突然出现的奇才。"突然出现的奇才?"迈克尔·杰克逊不是有伟大的才能吗?确实如此。但他从5岁起,就有了成为一个著名音乐家的信念,并且一直在为之奋斗。他训练自己的歌喉,完善自己的舞姿,写词作曲。他确实拥有某些天分,也确实是生长在一个有利于他成功的环境之中,但更重要的是他培养了推动他前进的信念系统,并且建立了很多对他行之有效的成功模式。他有一个引导他前进的家庭,但关键是他愿意付出代价。成功者都愿意做任何对成功有利的事,这也是他们出类拔萃的原因。

还有促进成功的其他信念吗?当然有。要是你能考虑一下其他信念,那当然更好。记住,成功者总是会留下一些经验的。罗宾建议你研究一下那些成功者,弄清那些使他们能不断采取有效行动,并取得巨大成就的关键信念。上面这七条信念在你看到之前已经使其他人取得了惊人的成就。如果你能持续不断地坚持这些信念,也能使你取得惊人的成就。

几乎可以肯定,有些人可能认为这只不过是一个假设。如果你有一些不利于你的信念会怎么样呢?

如果你的信念是消极的,而不是积极的会怎么样呢? 怎样改变信念? 你已经迈出了第一步:认识,明确你希望的是什么;第二步就是行动,学会控制你的内部想象和信念,学会如何使用你的大脑。

至此,罗宾已经帮助我们将可以导致成功的零零碎碎的东西集中起来了。你已经知道信念是成功之源。而高明的交流者都知道他们希望的是什么,并且采取有效行动,不断地调整他们的行为直至最后成功。

45

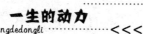

# 第三章 成功者的策略

　　你应该了解自己的策略,这样就能进入你希望的状态;你还要了解别人的策略,这样你就可以准确地把握他们的反应。

　　对生活中的任何事情,我们都是运用一定的策略去组织、去完成的。只是很多人并没有意识到这一点而已。如果你能掌握这些策略,那就无所不能了。

46

　　我们已经谈过什么样的状态会使你充满力量,什么样的状态会促使你前进。人们常常并不缺乏力量,所缺乏的只是对力量的控制。这一章将教会你如何对力量进行控制,如何改变你的状态、行为,从而使你能随心所欲地获得你希望的结果。

　　我们的神经活动就像一台录音机,我们的所有经历都被记录下来,保存在大脑中。正是因为我们大脑储存了这样的记录,所以在任何时候只要我们所处的环境给予一定的刺激——就像按一下录音机的按钮,我们大脑中的这些记忆就可以重现。

　　我们可以对再现的内容进行选择,也就是说,我们既可以按下放出幸福、欢乐之"歌"的按钮,也可以按下带来痛苦的按钮。如果你一次又一次地按下带来快乐的按钮,你就可能会处于一种非常积极的状态之中,反之也是如此。

　　如果你经常播出会带来痛苦的旋律,你就应该重新编制一下你的录音机里的节目,使它放出节奏轻松、令人欢快的歌。你按下的是同一个按钮,放出的却不再是悲怆的曲调,而是欢快的乐曲。你可以重新录制你的唱片,这样就能改变你大脑中痛苦的记忆。

就像改变录音机的节目一样，改变使我们产生不利的感情和情绪的状态，也是很容易的。那种认为不重新体味痛苦，痛苦就不会消除的说法是很荒唐的。要改变我们的精神状态，并不一定要体味记忆中的痛苦。我们真正需要做的就是把消极的内部想象转化成积极的内部想象，从而自动引导我们产生更有效的结果。

我们有能力去创造我们的内在经验。我们的脑袋是一部天然的"虚拟实境"的机器。一个痛苦的回忆，就可以让我们再度退缩；而愉快的回忆则可以让我们开怀，并重温那愉悦的经验。

## 🔱 获取成功的法宝

我们可以通过五种感觉——视、听、触、味、嗅——来形成内部想象。换句话说，我们就是通过这五种感觉来感知世界的。因此，我们在大脑中贮藏的所有经历，都可以通过这五种感觉通道——主要是其中三种：视、听、触——把感受到的信号再现出来。

这五种感觉或想象系统是我们感知世界、获取成功的组成部分。为了取得结果，这些组成部分是必不可少的。人类体验的所有"组成部分"都是从这五种感觉中派生出来的。不过，仅仅知道需要这些组成部分是不够的，要达到你的预期目标，就必须准确地了解每一个组成部分在整个过程中所占的比例。如果某部分的比例太大或太小，都将无法达到预期目的。

如果你要改变某事，只需要改变你自己的感觉方式或你自己的行为就可以了。比如，一个吸烟的人要戒烟，只要改变他在心理上和生理上对烟的感觉方式或改变他一根接一根抽烟的行为。前面我们已经说明，改变人们的状态和行为有两种方式：改变他们的生理状况——这可以改变他们的感觉方式及产生的行为；或者改变他们的内部想象。在本章里，我们将专门探讨如何改变我们的内部想象，使我们采取有效的行动。要改变我们的内部想象，就必须改变我们想象的对象——比如，把我们对最坏方案的设想变成对最佳方案的描绘；或者改变我们的想象方式。大多数人对外界的刺激都会以某种特殊方式做出反应。几乎每个人都有对外界做出即刻反应的关键性次感觉（次感觉指对外部体验的更详细的分解。比如，图像有明暗、远近；声音有音量、音调等）。当知道了想象事物的方式对我们产生的影响后，我们就会去控制自己的大脑，选择一种使

47

我们充满力量的方式，而不是限制我们行动的想象方式。

要模仿成功者，了解其内部想象和自我交流的方式固然重要，但了解真正揭示其大脑活动的次感觉更重要。次感觉也是创造一种结果所必需的组成部分，是构成人类经历的最小、最明确的组成部分。要了解进而控制视觉体验，必须对其有更详细的了解，必须知道它是明的还是暗的，是单色的还是彩色的，是运动的还是静止的。同样，我们要知道，听觉体验是大声的还是小声的，是从近处传来的还是从远处传来的。我们还要知道触觉体验是硬的还是软的，是锐的还是钝的。

还有一个重要的方面就是：你的想象是联合性的还是分离性的。联合性的想象可以使你觉得自己好像身临其境。通过你的视、听、触觉而亲身体验你所想象的一切。而分离性的想象则使你好像身处事外地看着你经历的一切。联合性想象则好像你在演出一部关于你自己的电影，而分离性想象就好像在看一部关于你自己的电影。

回想一下你最近一次愉快的经历，使自己完全进入其中。用眼睛看一看你所看到的一切：整个过程、形象、色彩，等等；听一听你所听到的一切：声音、语调，等等；感觉一下你所感觉到的一切：情绪、气氛，等

等。体验之后，你再从这种经历中跳出来，让自己觉得离开了这种环境，在一旁看着你自己体验这种经历。想象这种经历就好像在看一场关于你自己的电影。在这种情况下，你的感觉有什么不同？哪一种感觉更强烈？这两者之间的区别也是联合性想象和分离性想象之间的区别。

通过鉴别像联合与分离这样的次感觉之间的区别，你可以从根本上改变你生命的历程。记住，我们已经知道，人们的行为是人们所处状态的结果，而人的状态则是由人的内部想象所决定的。正如一个电影导演能改变他的电影对观众的影响一样，你也可以改变你生活中的任何经历对你的影响。导演通过改变摄影的角度、音乐的音量和旋律、对白与动作的数量，以及图像的色彩和明暗等等，创造出他希望观众所处的状态。你也可以以同样的方式，指挥你的大脑去创造任何有利于你达到最高目标和需要的状态或行为。

## ❧ 去除消极的蛛网

安东尼·罗宾在他的成功哲学中叙述了一些练习方法，这些方法是非常重要的，因此，你对每一项都要仔细阅读，随后按照这些方法去

48

练习。当然,如果找一些人来一起练习可能会更有趣。

你可以回想一个愉快的经历,它可以是刚发生的事,也可以是很久以前发生的事。闭上你的眼睛,放松,仔细想一想,在脑子里映出其图像,让它越来越清晰,随着图像的变化,感受一下你的状态的变化。随后,想象大脑中的图像离你越来越近,越来越大。当你这样操纵这个图像时,你有些什么感觉?它是不是增强了这种体验的强度?对大多数人来说,使一种愉快的记忆更强烈、更鲜明、更清晰,就会创造一种更有力的图像,从而使自己更愉快。它增加了内部想象的力量和愉快的程度,就使你处于一种更有力、更兴奋的状态之中。

所有人都有三种感觉通道,或者说感觉系统——视、听、触觉。由于每个人的情况不同,所依赖的感觉系统也不同。一般人都是首先通过视觉系统来使用他们的大脑,他们对在自己的大脑中所看到的图像做出的反应最强烈。还有一些人是首先通过听觉系统,而另一些人则通过触觉系统来利用他们的大脑。这些人对他们所听到的或感觉到的东西反应最强烈。因此,用视觉系统感知后,我们可以用其他的感觉系统来感知同一件事。

让我们再回到对那次愉快的经历进行回忆的练习上来,加大你在记忆中听到的声音的音量,使它更有节奏,并变换音调,使它更强烈、更肯定,随后再用触觉做同样的尝试。现在你的感觉如何?

大多数人也许会发现,他们所想象中的图像越清晰、越大,就越增加它们的吸引力,内部想象就更强烈、更有感染力,更重要的是,它使你处于一个更积极、更有力的状态。做这些练习的时候,只需通过人的生理状态,就能准确地改变人的心理状态。

现在用一种消极图像试一试。回想一件令你沮丧、痛苦的事,在你的大脑中映出其图像,使它越来越大,离你越来越近,越来越清晰。你的感觉如何?也许大多数人都会发现,他们的消极状态加强了,以前所有使他们不愉快的感觉也随之加强了。现在让这些图像慢慢消失。当你使它越来越小、越来越暗、越来越远时,你的感觉又如何呢?比较两个感觉的差别,你会发现,消极的感觉越来越淡薄了。

再以其他的感觉通道做一下同样的尝试。可能会出现同样的情况——消极的感觉被加强。我们不希望你死板地理解这一点。我们希望你以强烈的愿望并集中注意力来做这些练习,并记录下最能使你具有力量的感觉通道和次感觉。你应

49

该在大脑中多次尝试这些步骤，以便使你更了解如何操纵这种图像来改变你的感觉。

从这种简单的练习中你能看到这种技巧具有多么大的魔力。在几分钟内你就可以使一种积极的感觉越来越强烈，越来越有力量，也能使一种消极感觉失去力量。过去，你一直受内部想象所左右，现在，你应该知道，事情不一定按那样的方式发展。

一般来说，你可以用一种或两种方式走完你的生命历程。你当然可以让你的大脑以过去的方式来操纵你，让大脑对外界的刺激自动做出反应，展现任何图像、声音或感觉——就像巴甫洛夫的狗对铃声的反应一样。或者，你完全有意识地控制大脑，输入你希望的刺激，以消除不愉快的经历和图像对你的影响。你完全可以用一种不再压制自己的方式、一种"把它们压缩"到你能有效控制的范围内的方式去想象这样的经历和图像。

你是否有过这样的经历：你负责的一项工作或任务是如此庞大，以致使你觉得做了也好像没做，因此，你也就好像没有开始做。如果你能够把它想象成一个小图像，那么你就会觉得可以控制它，并将采取恰当的行动而不是被它难倒。这听起来可能没什么，其实要做到这

一点并不容易。不过只要你进行这种尝试时，就会发现，改变你的想象就能改变你对一项任务的感觉方式，进而修正你的行为。

现在你已知道你能让愉快的经历增强你的力量。你可以使生活中的一点点快乐变成很大的快乐，使你自己觉得更轻松、更幸福。这是因为有一种方法能让我们在生活中创造出更多的甜蜜、更多的快乐、更多的热情。

##  指挥你的王国

在前面我们谈到了国王的商品。国王有能力指挥他的王国。你的大脑就是你的王国，你也能指挥你的王国——如果你开始控制你对生活经历的想象方式的话。我们前面提到的所有次感觉都是告诉大脑要如何去感觉的。请记住，我们并不知道生活本身是什么样子，只知道我们对生活的感受。对生活的感受是通过我们的想象而感知的，因此，如果有一个以又大、又清晰、又有力的形式出现的消极图像，那么大脑就会给我们一个又大、又清晰、又有力的使人不愉快的体验。但如果积极的想象把这种消极图像变小、变暗，那么我们就会消除它的力量，大脑也将随之做出反应。

我们来做一个练习。想一想你

的经历中曾经引起你极大兴趣的一件事。要放松，尽可能地在大脑中形成这一经历的清晰图像。现在，停止回忆，回答我们就这一练习向你提出的一些问题。答案无所谓对错，不同的人会以不同的方式回答。

你再看这一图像时，是在看一部电影还是一幅快照？是彩色的还是黑白的？是离你越来越近还是离你越来越远？是偏左，偏右，或是居中？是高，是矮，还是不高不矮？是联合性的——通过你自己身临其境地看见——还是分离性的——像一个局外人在看？它是明还是暗？做这个练习时一定要注意，哪些次感觉最强，哪些次感觉最有力。

现在用你的听觉和触觉去同样地感知这一经历。你在听的时候，听到的是你自己的声音还是别人的声音？是对话还是独白？是响亮的还是轻微的？是连贯的还是断断续续的？是快还是慢？是渐强、渐弱，还是无变化？你听的或者自我交流的主要东西是什么？这些声音是从哪儿发出的？当你感觉这个图像时，它是硬的还是软的？是热的还是冷的？是锐的还是钝的？是柔的还是刚的？是固体还是液体？

这些问题有的一开始似乎很难回答。如果你主要以触觉通道来组织你的内部想象，你可能会觉得自己并没有形成图像。记住，这也是

一种信念，只要你坚持这种信念，那就是真的。随着越来越了解你的感觉通道，你将学会改进你的感觉。也就是说，如果你主要使用听觉系统，就会尽力抓住一切听觉线索，可能首先记住你所听到的东西。一旦你处于这样的状态，丰富而有力的内部想象就会很容易地利用起视觉和触觉通道。

刚才你已经体验了曾经引起你极大兴趣的某件事，现在再想一件你希望能引起极大兴趣，但目前对其并没有什么特殊感受，并且也没有真正动力促使你去做的事。先在你心灵的屏幕上映出其图像，然后再回答上面提出的那些问题，密切注意你现在的回答方式与上次的回答方式有什么区别。当你回答这些问题并将这两种回答方式进行比较时，要注意到哪种次感觉对你最有力，哪种次感觉对你的状态影响最大，也就是说哪种次感觉通道最灵敏，给你的印象最深刻。

现在，再选一件曾激励过你的事——我们叫它"激励1"——和一件你希望受其激励的事——我们叫它"激励2"——然后同时想象这两件事。把你的大脑看成是几个电视机的屏幕，同时看这上面两件事的图像，你是不是体味到感觉上有什么差别？我们能够预知这一点，是因为神经系统中不同的想象会产生

51

不同的结果。现在，利用视觉通道不断地调整"激励2"的次感觉，使其与"激励1"的次感觉相适应。当然，不同的人情况会不一样，但一般来说，"激励1"的图像可能要比"激励2"的图像更清晰鲜明，并且会越来越清晰、越来越近。请你将注意力集中在它们之间的区别上，并且操纵"激励2"的图像，使其越来越相似于"激励1"的图像。接着再用听觉和触觉系统进行同样的过程。

现在你对"激励2"是何种感觉？是否受到了更大的激励？如果你使"激励2"的次感觉与"激励1"的次感觉相适应了（比如，如果"激励1"是一部电影，而"激励2"是一幅静止的画面，那么就让"激励2"也变成一部电影），并且能用视、听、触等所有的次感觉通道去继续这样的过程，那么你就可以受到其更大的激励。当你发现这些使你进入一种具有特殊刺激的、称心如意的状态时，你就能把这些刺激与那些不如意的状态联系起来，并且立即改变它们。

记住，同样的内部想象产生同样的状态或感觉，而同样的感觉或状态会激发同样的行为。如果你发现了能激发你做任何事情的东西，那么，在任何事情面前你都会准确地知道该做些什么才能使自己受到激励。在这种受激励的状态下，你就能使自己采取有效的行为。

52

## ❧ 创造有利状态的步骤

一旦你知道如何利用新的意识处理问题，你就能开始运用自己的大脑为你创造有利的状态了。例如，你是怎样产生沮丧或压抑的感觉？你是不是选择某事，并在你的大脑中形成了关于这件事的巨大图像？你是不是一直用一种悲惨的声调进行自我交流？你怎样产生愉快的感觉？你形成明亮的图像了吗？图像是快速运动的还是慢慢移动的？你以什么样的声调进行自我交流？假定某人喜欢某项工作，而你不喜欢——但你希望自己喜欢，你可以去弄清那个人是怎样产生"喜欢工作"的感觉的，那么你会惊奇地发现，你能很快改变你"不喜欢工作"的状态。同其他的技巧一样，这种技巧也需要重复与实践。你有意识地利用这些简单的次感觉的转换越频繁，你就能越好越快地产生你所希望的结果。有的人会想，这种次感觉转换是很重要的，但怎样才能保证，它们不向相反的方向转换？能在某时刻有意识地改变不好的感觉方式，这固然很重要，但如果有一个办法能更自动、更长久地进行这种转换那将更好。

我们把这种办法称之为"连环

模式"过程。这种模式可以用来处理某些最困难的问题和人们的坏习惯。连环模式能够使产生不利状态的内部想象自动触发一种新的内部想象，能使你处于一种你所希望的有利状态。比如，当你感到自己吃得过饱时，利用连环模式，可以产生一种新的内部想象，使你觉得好像看见和听见食物从你体内排掉了。如果你将这两种想象连环起来，那么，不论什么时候，只要你想到吃得过饱，第一种想象就会立即自动触发第二种想象，从而使你不再感到撑得慌了。连环模式的最大优点是：一旦你有效地输入了这种模式，你就不必再去想着它。这个过程不需要做任何有意识的努力便会自动发生。下面是有关这一过程的工作步骤：

第一步：明确你希望改变的行为。你在大脑中对这种行为形成一种内部想象，就好像你亲眼看见了这种行为一样。如果你想要停止咬指甲，那么你就想象：你举起了手，把指头送到嘴边，开始咬指甲。

第二步：一旦你在大脑中对你所希望改变的行为有了一个明晰的图像，就再设想一种不同的想象，一种你希望出现的理想图像，好像只要你做出你希望的变化，就将对你很有好处。你可以想象把指头从嘴边拿开，并在你打算咬的那根指头

上产生一些压力，就好像你看见指甲修饰得很好，衣着很得体一样，你就处于非常自信的状态。你所设想的、表明你处于你所希望的状态的图像应该是分离性的，那是因为，我们希望设想一种理想的内部想象，一种你继续受其吸引的内部想象，而不是一种你觉得已经受其吸引的想象。

第三步：把这两种图像"连环"起来，以使那种不利的图像自动触发有利的图像。一旦你勾住了这个触发器，那么，以前触发你咬指甲的任何东西，现在都将促使你处于向理想图像移动的状态。这样，你的大脑中就将会产生一种对付过去使你难堪行为的全新方式。

进行这种连环的方法是：首先，你在大脑中对你希望改变的行为形成一个巨大的、鲜明的图像，然后，在这个图像的右下角对你希望所处的状态形成一个小小的、很暗的图像。接着，使这个小而暗的图像迅速变大、变明亮，并且渐渐占满你希望改变的那个行为的图像。在你进行这种转换时，以最大的激动和热情发出"嘶嘶"的声音。这听起来可能有点可笑，不过，以一种激动的方式发出"嘶嘶"声，就是在向你的大脑传送一系列有力的积极的信号。一旦在你的大脑中形成了图像，只有发出"嘶嘶"声，整个过程才会发

53

生。现在出现在你面前的是一个又大又明亮、色彩斑斓的、你所希望的图像,那个原来的图像就变得支离破碎了。

这个模式的关键就是快速、反复。你必须要看到、感觉到那个小的、暗的图像变得越来越大,越来越明亮,而且慢慢替代了那个大的图像,并把它破坏掉。现在,体味一下当事情变成你所希望的那种状态时的强烈感觉,然后睁开眼睛,以便消除这种状态。你再闭上眼睛,把这种连环过程再做一遍,看看你所希望改变的原来的那个图像,改变的程度如何。这样尽快地做上五六次。记住,关键是速度。在你的大脑中一直重复这一过程,直到那个旧图像自动触发这个新的图像、新的状态,直至新的行动。

现在,选一件你不敢做的事,然后根据你的愿望在大脑中形成这件事的图像,使这个图像实实在在地吸引你。接着,你一次又一次地把图像和这件事联系起来,做7次。现在再来看一看你怕做的那件事,你觉得情况如何?如果你能有效地运用这种模式,那么,只要你一想到那些不敢做的事,就会自动想起你希望这些事情所呈现的状态。

记住,你的大脑可用一种决定性的方式使一般的原则对你不起作用。时间不能倒流,万事万物不能倒转,但你的大脑能。假设你走进办公室,注意到的第一件事就是你急需的一个重要报告还没写好,这会令你感到非常不痛快,你火冒三丈,想去狠狠地训斥你的秘书。但训斥并不会带来你需要的东西,只会使已经糟糕的情况更糟。改变这种状态的关键就是你回过头来,让你自己处于一种促使你把报告写完的状态。通过重新安排你的内部想象,你就能做到这一点。

## 摒弃消极的信念

我们如何接受积极信念而摒弃消极信念呢?第一步就是了解信念对我们生命的重大影响;第二步是改变你对这些信念的想象方式。因为,如果你改变了想象某事的方式,你就会改变对它的感觉,你以后就能以一种永远使你充满力量的方式去想象一切事情。

记住,信念是你处理特殊的人、事件、思想或生命历程的一种肯定性很强的情绪状态。你如何创造这种肯定性情绪状态呢?那就要通过特殊的次感觉。

大脑是一个过滤系统。有的人把他们相信的事情装在大脑的左边,把他不能肯定的事情装在大脑的右边。这听起来似乎很荒唐,但能够改变具有这种处理系统的人,

54

做起来很方便,把他不能肯定的事从大脑右边移到左边,这样一做,他就能够感觉到肯定了,开始相信那些刚才还不能肯定的事情了。

这种信念的改变只是简单地把你对肯定的事情的想象方式同对还不能肯定的事情的想象方式进行比较而实现的。首先选一些你完全肯定的信念——比如,你叫约翰·李斯特,25 岁,出生在纽约的曼哈顿区;或者叫迈尔斯·戴维斯,是历史上最伟大的小号演奏者等等你所能肯定的事,然后想一想你不能肯定的事或你希望相信但还不能肯定的某件事。你可以利用前面讲过的 7 个成功信念中的一个信念(不要选那些你完全不相信的事情,因为你完全不相信就意味着这事是不真实的。)

现在,让我们利用所有的视觉通道、听觉通道和触觉通道,对你所相信的事情的各方面进行感知,在大脑中形成图像。然后,再对你还不能肯定的事情也进行同样的感知,也形成图像,了解一下它们之间的区别。你是不是感觉得到,你相信的那件事在你大脑中的位置,而你不能肯定的事在另一个位置?你所相信的事情的图像比你还不能肯定的事情的图像更接近、更明亮、更大吗?一个是静止的画面,一个是运动的画面,是不是?

随后,你再调整一下对不能肯定的事情的次感觉,以便使它与你相信的事情的次感觉相适应。改变大脑中对你不能肯定的事情所形成的图像,改变其色彩、位置、声音、声调、频率,改变次感觉的结构。在做这些改变时,你的感觉如何?如果你确确实实转换了那种使你不能肯定的想象,那么你对刚才还不能肯定的事情现在就会感到肯定了。

很多人的唯一障碍就是他们觉得不能如此之快地改变这一切。这也是你应该改变的信念之一。

这个过程也可以用来分辨你大脑中明白或不明白的事情。如果你对某事感到迷惑,可能是因为你对这件事的内部想象很小、很模糊或很遥远而造成的;如果你对某事感到理解,那是由于你对这件事的想象很明晰、很近、很清楚的结果。试一试,把你对感到迷惑的事情的内部想象变得同你对感到理解的事情的内部想象相同,看看你的感觉会发生什么变化。

当然,在大脑中使事情更近、更清晰,不一定每个人都会加强他们的感觉,有时还可能出现相反的情况。有些人只有在大脑中使某事的图像越暗或越模糊时,他们对这件事的感觉才越强烈。关键是要弄清对你自己或你想帮助改变的人来说,哪些次感觉是最敏感的,然后再

55

56

尽力坚持利用这些方法。

要了解我们的哪种次感觉最敏感，关键是重新认识大脑感受事物的方式。大脑对你所提供的任何信号都会做出反应。如果你提供一种信号，你的大脑可能感到痛苦；如果你提供另一种信号，你可能立刻就会感到愉快了。安东尼·罗宾在亚历山大的菲尼克斯举办"神经语言规划"训练班时，他注意到很多人的面部肌肉都非常紧张，他把这种现象叫做表白性痛苦。他暗自回想了他谈过的一些事，好像没有什么东西能促使这么多人产生这样的反应。于是，安东尼·罗宾问其中的一个人"现在你感觉怎么样?"时，他说:"我头痛得厉害。"他这么一说，另一个人也有这样的感觉，于是，一个接一个，屋子里60%以上的人都感到头痛。他们解释说，由于摄像的强烈灯光一直照着他们的眼睛，使他们感到不舒服，甚至感到痛苦。另外，这间屋子的通风设备已经损坏，因此，室内空气很不好。这一切使这些人都产生了生理状态转移。那么，此时安东尼·罗宾能做什么呢? 把每个人都弄出去换换气?

当然不能。大脑只有在对接受到的刺激以一种感到痛苦的方式进行想象时才会表示出痛苦。于是，罗宾让他们描述一下痛苦的次感觉。这种痛苦对某些人来说很严

重，并且是间歇性的，对其他人却不是这样。有些人觉得这种痛苦很强烈、很明显，而其他人则觉得很轻微。然后，罗宾着手改变他们痛苦的次感觉。他先让听众们在大脑中使自己与痛苦分离开来，把痛苦赶出大脑。接着让他们想象清楚地看见痛苦的形状和大小，并把它放在距他们10米远的地方，进而让他们把痛苦从感觉中分离出来。紧接着，罗宾让他们想象这种痛苦忽大忽小，一会儿迅速变大，大得胀破了天花板，而后再让它渐渐变小，小到看不见。接着罗宾让他们把痛苦推向太阳，看见它在太阳中消失得无影无踪，随着养育万物的阳光洒落到地面。最后，罗宾问他们的感觉如何。不到5分钟,95%的人不再感到头痛了。他们改变了内部想象，因此，得到新信号的大脑，现在产生了一种新反应。剩下5%的人又过了5分钟也消除了痛苦。

你能想起曾有那么一次，在你正感到痛苦时，恰好碰上做另一件事，或者发生了某件令人兴奋的事，于是你改变了正在考虑着的事情和大脑中的想象，不再感到痛苦了吗? 痛苦可以轻而易举地消除，而不会再回来，除非你再想它。只要你对内部想象稍做一点有意识的引导，就能轻而易举地、随心所欲地消除你的头痛。

事实上，一旦你了解到能在大脑中产生特殊结果的信号，你就可以用你喜欢的方式去感觉任何东西。

用你迄今为止所学到的东西，你已经能极大地提高你自己的生命的价值，也可以提高你认识的人的生命价值。下面再来看看构成我们体验的另一个重要的、能促使我们有效地模仿任何人的因素……

## 🔱 策略致胜

那些能取得巨大成就的人都能持续不断地采取一系列特殊行动——精神上的和生理上的行动。如果我们采取同样的行动，也能取得同样的或相似的结果。不过，影响结果的还有另一个因素——行动组合。这种组合——我们安排行为的方式——对我们所产生的结果有巨大的影响。

"人咬狗"与"狗咬人"之间有些什么区别呢？"乔吃龙虾"与"龙虾吃乔"之间的区别又是什么呢？以上二者之间的内涵当然是大不一样了。它们所用的词都完全一样，不同的是组合方式。对于大脑来说，同样的刺激——就像上面那些同样的词一样——组合方式不同，其意义也各异。次序可以使涉及的事物在大脑中以一种特殊的方式进行排列。正如计算机的指令，如果你用

正确的顺序编排这些指令，计算机就会发挥它的全部功能，产生你所需要的结果。如果你打乱了这些同样指令的排列顺序，你也得不到你所希望的结果。

我们用"策略"一词来描述所有这些因素——内部想象的种类，必要的次感觉，必不可少的组合方式——这些因素共同作用产生一种特殊结果。

对生活中的任何事情，我们都是运用一定的策略去组织，去完成的，只是很多人并没有意识到这一点而已。如果能意识到这些策略，那就无事不能了。比如，如果我们发现爱的策略，我们就能随心所欲地激发爱的状态。在我们对某件事犹豫不决的时候，如果知道应该采取什么样的行动，以什么样的次序做决定，我们立刻就能决定下来。

有一个很形象的比喻可以说明这一点，那就是烤蛋糕。如果有人烤了一个世界上最大的巧克力蛋糕，你能不能烤一个同样的呢？当然能，只要你了解这个人的制作方法就可以办得到。制作方法只不过是一种策略，一种特殊的计划，它告诉你要用些什么材料，怎样用它来产生一种特殊的结果。我们人类的神经系统都是一样的，所以我们都具有同样潜在的、有效的力量。正是我们的策略——也就是说，我们

57

使用这些力量的方式——决定了我们所产生的结果，这也是一个商业法则。一个公司可能有较多的人力物力，但控制市场的常常是那些最大限度地利用自己的人力物力的公司。

那么，要烤制出同专业人员烤制的一样的蛋糕需要些什么呢？需要制作方法，需要详细地按制作方法去实施。如果你按此方法实施了，你就会烤出同样的蛋糕，即使你以前从未烤制过这样的蛋糕。烤制人员可能花了几年的时间去摸索，最后才形成了这种制作方法，而你按照他的制作方法，模仿他的行为，就可以节约几年时间。

同样，经济上的成功，获得和保持充满生气的健康体魄，使你的整个生命历程充满幸福和爱，这一切都是有策略可循的。如果你发现有人在经济上获得了成功或建立了完美的家庭关系，那么，你只要找到他获得这一切的策略，并且运用这些策略，你就能产生同样的结果，并且还能节约大量的时间和劳动。这就是模仿的力量。

制作蛋糕的方法告诉我们，第一，制作同样的蛋糕需要什么成分。在人类的"烤制"经验中，这些"成分"就是我们的五种感官。人类所有结果的获得都是始于使用视、听、嗅、味、触这五种感觉系统中的一种

或几种。第二，我们要获得制作方法所表述的结果，还应该了解每种成分所需要的数量。在重复人类体验的过程中，我们需要的不仅是其组成部分，而且还要知道每种组成部分的比重。

这样可以解决问题吗？如果你知道需要什么成分，每种成分的比例多少，你能制作出一个同样质量的蛋糕吗？不能。除非你还知道什么时候做什么，什么原料先放，什么原料后放。如果在烤制过程中首先放入本应最后放的成分结果会怎么样呢？你还会烤出同样质量的蛋糕吗？当然不能。不过，如果你用同样的成分、数量，以同样的次序做，那你必然会烤出同样的蛋糕。

我们所做的每件事情都有一定的策略——想法、做买卖、恋爱、使自己对别人有吸引力。以某种次序提供的特殊刺激，总是能获得某种反应。策略就像锁住你大脑的密码锁，即使你知道开启这把锁的数字是哪几个，但如果不知道这些数字的正确组合次序，你也打不开它。如果你既知道数字，又了解其正确的组合次序，那么，每次都能打开这把锁。

构成和谐组合的组成部分是什么？就是我们的感觉。人们一般从两个方面来处理感觉输入——内部和外部。组合就是把我们从外部体

58

验到的东西与我们的内部想象以正确的次序结合起来。

比如,你可能有两种视觉体验,第一种是你所看到的外部世界。你看这本书,白纸黑字,你就在经历一种外部视觉体验。还记得在前面我们对大脑中使用视觉通道的描述吗?我们并没有真正看见我们在大脑中所想象的海滩、白云、欢乐的时刻和难熬的时光,我们只是以内部视觉的方式"看"到了这一切。

其他感觉通道的体验也是如此。你能够听到窗外火车的轰鸣声,这是外部听觉体验;你也能在大脑中听到一个声音,这就是内部听觉体验。你能感觉到你坐着的这把椅子的质地,这是外部触觉体验;你也可能在内心深深地感到某事使你觉得很痛快或不舒服,这就是内部触觉体验。

要总结出一种做事的方法,必须要建立一个描述做什么、怎么做的系统,也就是描述策略的标志系统。现在我们以符号来代表我们的感觉过程,用6代表视觉,A代表听觉,K代表触觉,i代表内部,e代表外部,t代表声调,d代表数字。你在外部世界看见某事(外部视觉),就可以表示为6e 你有什么内心感觉,就可以表示为Ki。某人由于看见某事而内心产生了某种感触,并且自言自语说了些使他产生内部推动感

的话,他的这种过程可以描述为:6e—Aid—Ki。你要了解这个人做某事的原因,即使你同他谈了一整天,也不一定能得到满意的答复。不过,如果你向他"显示"一种结果,并且提示一下他看到这种结果后可能有的内心活动,也许可以使他根据你的暗示进行思考。在以后的章节里我们将介绍怎样了解人在特殊状态下所使用的策略。现在我们先谈谈这些策略的工作过程及其重要性。

我们做每件事都有自己的策略,有能持续不断地产生特殊结果的想象模式,不过,很少有人知道如何有意识地利用这些策略,因此,我们进入某种状态或摆脱某种状态,完全取决于外界给予我们的刺激。我们每个人都应该理解自己的策略,这样就能产生你所希望的状态。你还要了解别人的策略,这样你在与人的交流过程中才能准确地把握他们的反应。

进行有效管理,有策略;获得创造力,有策略。只要有某事触发你,你就会进入特定的状态;同样的,要进入特定的状态,只要知道你的策略就够了。当然,你还应了解别人行事的策略,这样,才能知道如何向他们提供他们所需要的东西。

因此,我们应该了解产生某种结果、某种状态的特殊次序、特殊组合。只要你能做到这一点,并且愿

59

意采取必要的行动，你就能把握你的命运，按你的意愿创造你的世界。除了生命的必需品以外——如食物和水，可能你最需要的是一种积极的状态。你要使自己成功，就要了解和谐的组合，即正确的策略。

## 快速成功的策略

安东尼·罗宾曾经在部队中有过一次非常成功的模仿经历。他被介绍给一位将军。罗宾见到这位将军时，便开始同他交流像 NLP 这样的"最佳行为技巧"。罗宾告诉他："我能完成你所完成过的任何训练课程，并且只要一半的时间，甚至还能提高受训者的能力。"这位将军感到惊奇，但不相信。于是，罗宾受雇去教授 NLP 技巧。经过成功的 NLP 技巧训练以后，这个部队同罗宾签了一个合同，让罗宾模仿他们的训练课程，并同时抽出一部分人，让罗宾向他们传授有效模仿的技巧。他们告诉罗宾："如果我们真正取得了你所承诺的结果——也只有取得了这样的结果——我们才会给你报酬。"

他们要罗宾承担的第一个项目是一门为期 4 天的课程，即让罗宾教他们挑选出来的人如何有效地、准确地使用 45 毫米口径的手枪。过去，平均只有 70% 的士兵能在这门

课程上过关，这位将军还说这是最好的成绩了。安东尼·罗宾非常明白自己的处境。在此之前他从未打过枪，甚至憎恨向人开枪。刚开始，罗宾和一个叫约翰·格林德的人搭档，有了他的射击基础，罗宾想这也许能够解决问题。但随后，由于安排上的各种原因，约翰突然不参加了。你可以想象罗宾当时的状态如何？选另外，训练小组中有两个人对罗宾将得到的报酬的数目表示不满，正在想办法故意破坏罗宾的工作。他们打算给罗宾一点厉害尝尝。没有射击基础，失去了备用王牌（约翰·格林德），还有人想让罗宾失败，怎么办？

首先，罗宾在自己的大脑中形成一个自己正要失败的巨大图像，让它渐渐缩小。然后，再形成一个新的、能成功的图像。这样，罗宾就使自己处于一种完全有利的状态。随后，罗宾告诉那位将军，他要见一见这里的最佳射手，以便能发现他们为产生有效、准确的射击结果都做了什么——生理行动和心理行动。一旦发现了这种"独特的东西"，罗宾知道自己能在更短的时间里把它教给别的士兵，从而取得预期的结果。

从与这些优秀射手们的交往中，罗宾发现了他们共有的一些主要信念。他把这些信念进行比较。

接着，罗宾又弄清了这些最佳射手们共同的精神组合和策略，并且对他们的这种精神组合和策略进行模仿，这样罗宾就能把它们教给那些射击新手们。这种组合是最佳射手们成百上千次射击实践的结果。另外，罗宾还模仿了他们的生理状况中最关键性的部分。

找到了能产生有效射击的最佳策略后，罗宾为首批上场的射手们设计了为期一天半的课程。结果如何呢？测试的结果表明，在不到两天的时间内，这些士兵100%合格，这个数字比按一般标准进行为期四天学习后的合格人数高3倍。通过教这些新手如何像那些特等射手那样向大脑传送信号，使他们在较短的时间内（不到一半的时间）成为特等射手。随后，罗宾又找来那些曾被自己模仿过他们行为的最佳射手——可以说是美国最优秀的射手，教他们如何加强他们的策略。结果，一小时后，其中一个人成绩提高的幅度比他训练六个月内提高的幅度还要大；另一个人打中的十环比他在以往任何竞赛中打中的十环都多。他们的教练龙颜大悦，对将军说，这是第一次世界大战以来手枪射击中的最大一次突破。

从这个例子我们可以看到，即使你对某事知之甚少或根本不知，即使环境使你感到某事几乎毫无希望，但只要你有一个可以产生一种结果的很好模式，你就能发现模式中的"特殊东西"。重复这一切，你就能在比你想象的短得多的时间内产生出同样的结果。

许多专业的运动员都应用过一个极为简单的策略就是：模仿本领域内最优秀的成功者。如果你想模仿一个优秀的滑雪运动员，首先你要进行仔细观察，看看他的技巧是什么（6e）。在观察中，你可能以某种姿势移动你的身体（Ke）（如果你曾看过滑雪，那么你就可能自然而然地移动你的身体，当你看见滑雪运动员要转弯时，你也移动身体，就好像你也在转弯），接着会在大脑中形成一幅轻松自如的滑雪图像（6i），从中，你将会看到自己在惟妙惟肖地模仿滑雪运动员的动作，就像在看一部关于你自己的电影。紧接着你将置身于这个图像之中，以一种联系的方式去体味同那个人一样的行为感觉（Ki），一遍又一遍地重复这个动作，直到你感到完全得心应手，最后你就会真的做出这些动作。

你可以把这种策略组合表述为6e－Ke－Ki－6i－6i－Ki－Ke，这可能就是你模仿别人的无数种方式中的一种。记住，产生结果有很多方式。方式无所谓对与错——对实现你的目标来说只有有效和无效之分。

你可以通过更准确、更全面地

了解某人所做的一切来获得几乎与他完全相同的结果。从理论上说，模仿某人，你应该模仿他的内心体验、信念系统和行为组合方式，但事实上，你大量观察的是他的生理状况，而生理状况是使我们产生这种结果的另一个因素。

## 找到最佳组合

对策略和行为组合的理解可能有一个事关重大的领域，这就是教育。为什么有的孩子"不能"学习？罗宾总结出了两个主要原因：第一，我们往往不知道教导某人的最有效方法是什么；第二，教师很少考虑孩子们学习的差异性。对任何事情，每个人所采取的策略都是不同的。如果你不知道某人的学习策略，你要教他就会遇到很大的麻烦。

教育界的这种问题，在其他领域几乎也都存在。你的方法和次序不对，那么你获得的结果也就不是你所希望的；你的方法和次序如果正确，那么你就会创造奇迹。记住，做每件事我们都有自己的策略。如果你是一个售货员，策略会帮助你去迎合顾客的口味，使你卖出更多的商品。如果你的顾客是一个触感很强的人，你会一开始就向他展示一辆汽车的色彩吗？你一定不会。你会让他坐在方向盘前感到就像坐

在舒适的室内，开着车就像在平静的太空滑行一样。如果他的视觉很强，你就应该首先向他展示迎合他口味的汽车的色彩、线条和其他看得见的方面。

如果你是名教练员，策略就会帮助你了解不同的运动员所需的不同动力。有没有什么刺激能使他们处于最佳状态呢？肯定有。要建造一座桥也必须有一种方式。每一件事情都有一个最适当的次序组合，也就是一种人们能持续不断地用它来取得他们所希望结果的策略。

很多人可能会说："哎，我要是做个有心人该多好。但我就是无法发现人们爱的策略。仅仅同某人说上几分钟，我实在无法了解到促使他决定买东西或者干其他事情的策略。"你不清楚这一点，是因为你不知道要了解什么——或者怎样去请求人家告诉你。如果你以正确的方法去寻求世界上的任何东西，再加上足够的信心和足够的行动，你就能得到。有些东西的获得需要有很大的信心和能力，要相信你能得到它。

## 知己知彼

策略固然重要，但还有一点更重要，就是尽快了解别人的策略。

你见过熟练锁匠干活的情况

吗？简直就跟玩魔术一样。他摆弄一把锁，能听到一些你听不到的声音，看到一些你看不到的东西，感觉到一些你感觉不到的情况，不一会儿，他就了解了锁的整个结构，并且把它修好。

一个优秀的交流者也是如此。你可以了解任何人的内心组合——可以像锁匠那样考虑、思索，从而探索出别人或你自己的内心结构。必须看到你以前没有看见过的东西，听到你以前没有听见过的东西，感觉到你以前没有感觉到的东西，提一些你以前没有提过的问题。如果你恰到好处地做到这些，你就能了解任何人在任何状态下的策略，就会知道如何准确地向别人提供他们需要的东西。你也能教会别人这样做。

了解别人策略的关键就是要注意他们的言行举止。要知道，人们将把你想知道的有关他们的策略的一切信号都传达给你，有时是通过语言传达的，有时是通过行动传达的，有时甚至是通过眼神传达的。你可以学会巧妙地去阅读一个人，就像你能学会读一本书、一本地图一样。记住，策略只不过是产生特殊结果的一种特殊想象组合。你需要做的就是促使自己去感觉他们的策略，同时仔细观察他们的特殊反应。

要了解别人的策略，首先要知道你期待的结果是什么？人们的神经系统中各部分都由什么样的暗示所代表？还要意识到人们共同的某些倾向。比如，人们习惯于利用他们的神经系统中的某个特殊的部位，就好像有些人惯用右手，而有些人却是左撇子一样，人们倾向于偏爱某种方式。

不过，在了解某人的策略之前，我们还应该搞清楚他主要的感觉系统。那些主要利用视觉系统的人倾向于以图像看世界。他们通过大脑中的视觉部分获得他们最大的感觉力。视感强的人因为他们力图跟上大脑中的图像变化，所以常常说话也较快。他们只是想把他们大脑中的图像描述出来，常常不太注意表达方式。他们常常用视觉语言来表达，向人们描述这些东西看上去怎么样，呈什么样的形状，是明还是暗等等。

而那些听感强的人则不同，他们说话慢一些，声音也较洪亮、较有节奏、较有分寸。因为字词对他们来说意义重大，所以，他们对说什么非常慎重。他们常常用听觉语言来表达，如："这听起来正合我意"，"我能听见你说的"或"听起来一切都很顺利"等等。

那些触感强的人说话要更慢。他们主要是对触觉做出反应，他们

63

语调深沉,说话像是一点一点挤出来的,常常用触觉语言来表达意思。他们总是"抓"某种东西的"具体形态",比如:东西很"沉",他们需要"摸一摸"那东西。他们总是这样说:"我找到了答案,但我还没有抓住它。"

每个人都有这三种系统,但大多数人都只有其中一种系统占支配地位。在了解别人的策略,了解他们做决定的方式时,还需要知道他们的主要感觉系统,这样你就能有的放矢地表达你的信息。如果你在与一个视感很强的人打交道,那你就别想四平八稳、慢慢腾腾的,如这样将会使他发狂的。你必须以与他的大脑运转方式相适应的方式来表达你的信息。

## ❧ 了解策略的线索

只要通过观察和听别人说话,你就能立即意识到他们所使用的是哪种系统。

俗话说,眼睛是心灵的窗户。我们意识到这句话千真万确。你只要留心观察一个人的眼睛,就能立即明白在特殊的情况下他使用的是哪一种感觉系统。

回答下面这个问题:在上次生日晚会中生日蛋糕上的蜡烛是什么颜色的? 花几分钟时间想一想。回答这个问题时,你们90%的人都会把头抬起来偏向左边,这就是惯用右手的人甚至某些左撇子回忆视觉图像的方式。再考虑一下这个问题:要是给米老鼠加根胡子会怎么样? 花几分钟描述一下,这一次,你的眼睛也许往上抬,并移向右边。这就是人们的眼睛构成图像的地方。因此,只要看看人们的眼睛,就可以了解他们策略。记住,策略就是使人们去完成某种特殊任务的内部想象的先后次序。这种次序告诉你某人做事情的"方式"。

当人们在进行内部想象时就会移动他们的眼睛,有时移动可能很轻微。你可以同某人进行一次谈话,观察一下他眼睛的移动,提一些需要他回忆的图像、声音或感觉的问题,看他在回答问题时眼睛是怎样移动的?

这里有一些你可以用来获得某些特殊反应的问题:

得到的反应　你可能问到的问题

视觉回忆 "你的房子有几扇窗户?""你今早醒来看见的第一件东西是什么?""你在16岁时交的男友(女友)长得怎么样?""你的哪个朋友留的是短发?""你的第一辆自

行车是什么颜色?"

"你最近去动物园看见的最小动物是什么?"

视觉想象 "如果你有三只眼睛的话,你看上去会怎么样?""想象一下一个有狮头、兔尾、鹰翼的警察""你能想象一下自己有金色的头发的样子吗?"

听觉回忆 "你今天听到的每一件事是什么?""说出你最拿手的歌的名字。""你最喜欢自然界的什么声音?""在平静的夏日里你用心听一听小瀑布的声音。""你的房子里哪扇门的噪音最大?""你的朋友中谁的声音最动听?"

听觉想象 "如果你能向托马斯·杰斐逊、林肯和肯尼迪提问题,你会提什么问题?""如果有人问你如何能制止核战争,你会怎么回答?""想象一下把汽车喇叭当长笛吹的声音。"

听觉内部 "你在大脑中重复一

下这个问题:

对　　话 '我现在的生活中什么东西最重要?'"

触觉语言 "想象一下冰在你手上融化的感觉。""今早你刚起床时的感觉如何?""想象一下把一块木头变成丝绸的感觉?""你房子中哪块地毯最软?""想象一下洗一个热水澡的感觉。"

如果一个人的眼睛向上移动到左边,那么他就是在回忆某件看得见的事情,如果他又把眼睛斜向左耳,那他就是在听什么,而当他的眼睛向下移动到右边时,那他就是在利用触觉感觉系统。

在某些情况下,如果你很难想起某事,可能是你眼睛所处的位置不对。如果你试图回想起前几天前曾经看见的某事,那么你的眼睛向下向右看是不会帮助你再现其图像的,但如果向上向左看,那你会发现自己很快就想起了那件事。一旦你知道到哪儿去寻找你贮存在大脑中的信息,那么你就能很快地而且轻而易举地获得这些信息(大约有 5%～10% 的人其方向正好相反,因为他们是左撇子。你可以找一个左撇子朋友试一下)。眼睛的解读线索见下图。

65

$6^Z$:记忆中的视觉意象　　$6^C$:建构中的视觉意象

$A^Z$:记忆中的听觉声音　　$A^C$:建构的听觉声音

K:触觉的感觉　　　　　　A:内部对话

人身上做这些练习。

## 眼睛的解读线索

人的生理状况的其他方面也为我们了解他们的策略提供了线索。如果有人呼吸幅度大,那他就是在进行视觉思考。人的声音也含有深意。视感强的人说话快而急、有鼻音、声调起伏大;而说话慢、声调深沉的人则通常触感强;声调平稳、吐词清楚则是听觉强的人的特点。甚至从人的皮肤颜色的变化也能了解别人的策略。

因此,哪怕是很有限的交流,你也能清楚地、准确无误地了解一个人的心理活动方式。了解别人策略的最简单办法就是提一些恰当的问题。记住,人们做每件事情都有他们的策略——卖东西和买东西、引人注目、发明创造等等。学会了解别人策略的最好方式不是观察,而是实践,因此,你要尽可能地在其他

## 了解策略的关键

罗宾指出有效地了解一个人的策略的关键就是使他处于一种完全"联系"性的状态,这样他就会向你准确地显露他的策略是什么——会从语言上、行动上显露出来,如眼睛的移动,身体的变化等等。状态是与策略相联系的,了解策略的直接途径,它是打开人的无意识回路的开关。当一个人还没有完全处于联系性的状态时,就试图去引导他的策略,就像烤箱还没有插上电源就想烤东西一样。

另外,可以把策略看成是做某件东西的一种制作方法。如果你向一名做了世界上最大蛋糕的厨师请教其制作方法,但他说他并不完全知道如何做出这种蛋糕的,你肯定不会相信。他做出这种蛋糕是无意

识的，如果你问到其中各种成分的数量，他确实无法回答你。因此不要让他讲，要让他做给你看，请他回到厨房去烤一个蛋糕。你留心注意他的每个步骤。在他调配各种作料时注意观察，记下其成分数量。通过观看厨师整个制作过程，了解其成分，成分的数量及操作次序，你就会得到一个同样的制作方法。

了解策略也就是这样，让你要了解其策略的人回到"厨房"——回想他处于一种特殊状态的时候（比如坠入情网，决定要购买什么东西，决定做什么事情等等）——然后弄清使他处于这种状态的第一件事是什么，是他看见的某事还是他听见的某事？或者是他接触的某事或某人？在他告诉你所发生的一切之后问他："使你处于这种状态的第二件事又是什么？"这样一直问下去，直到你满意地了解到他的策略。

每种策略都可以通过这一模式来了解。首先你要通过让他回忆某一特殊时刻——受激励、感到被爱等——而让他处于恰当的状态，然后提一些问题，了解他看到的、听到的、感觉到的东西的顺序，使他再现他当时的应对策略，从而搞清楚使他处于这种状态的图像、声音和感觉有哪些特殊之处，是图像的大小还是声调的高低？

你可以找一个人，试着用这种

技巧了解他的激励策略。首先要使他愿意与你合作。你可以问他："你记得有那么一次，你完全是由于受到激励而去做某事的吗？"他的回答从语言上和身体上所表现的反应应该是一致的。为了弄清他的每一个步骤，你应该让他慢慢说，你要仔细注意他所说的和他的眼睛与身体告诉你的东西是否一致。

如果你问一个人："你能想起你感到非常受激励的某段经历吗？"这个人耸耸肩说："可以。"这意味着什么呢？这意味着他还没有处于你希望的状态。有时，有人嘴里说行，但却在摇头。因此，你还要接着问他："你能回忆一下那次的经历吗？"

假设你是一名田径教练，你想激励一个听觉、触觉敏感的人成为一名伟大的长跑运动员，尽管他有某些天才，也有某些兴趣，但他没有真正受到激励而树立目标，那么，你该带他去看你最优秀选手的训练吗？你带他去看跑道吗？不，当然不是，这种办法只对视感强的人起作用，对这个人只会使他更没有兴趣。

你应该用以听觉有关的刺激来激励他。你同他谈话，但不应该用对视感强的人谈话的方式，要以一种抑扬顿挫、坚定、干净利落的声调说话，用你了解到的使他激励策略开始实施的那种语气、音速说话。你可以这样说："你肯定听说了很多

67

关于我们田径项目获得成功的情况。现在,这正是大家的话题。今年,我们的比赛吸引了很多人,比赛场上噪声连天,但我的小伙子们说,这些声音对他们具有奇妙的刺激,狂呼声使他们取得了以前连想都不敢想的成绩。在向终点线冲刺时,这种狂呼声起到了简直令人难以置信的作用。在我的教练生涯中,我还从未听说过这样的事。"你所说的这些话正是他要说的话,你对情况的描述正对他的感觉系统。你可以带他去看看那个新的体育场,在他冲过终点线时,让他实地听一听人们的那种狂呼,这样你就能激励他。

这只是行为组合的第一部分,这一点并不能使他受到充分的激励,还要使他的内部行为按次序组织起来。你可以根据他的感觉系统这样对他说:"当你听到家乡人的狂呼时,你就在大脑中想象你是以有生以来最快的速度奔跑,从而就肯定能感到充分的激励,而真的以平生最快速度飞跑。"

请记住行为组合和行为次序的搭配。

## ❧ 掌握最有利的行为次序

到现在为止,我们所探讨的是了解别人策略的基本方式。为了有效地利用它,你必须进一步详细地了解别人策略中的每一种次序。

比如,如果一个人购买策略是从视觉开始的,那么他的眼睛看到的是什么呢?是明亮的色彩,还是漂亮的外观?他是不是看见某种式样和引人注目的设计而欣喜若狂?如果他的购买策略是始于听觉,那么吸引他的是软绵绵的声音还是强有力的声音?了解一个人的主要的感觉系统,这只是一个良好的开始。想要准确地、实实在在地按下那个正确的按钮,你还得了解更多的东西。

在零售行业,了解顾客的购买策略是成功的必由之路。有些推销员很精于此道。当遇上一个有购买潜力的顾客时,他们就立即同他套近乎,了解他的购买策略及其决定一个问题的方式。他们可能这样开始:"我注意到,您使用的是我们的竞争对手的打印机,我对此难以理解。促使您去买这个牌子的打印机的第一动机是什么呢?是看见了或读到了有关这种机器的情况,还是有人告诉您关于这种机器的情况?或者是您对那个推销员或那产品本身的感觉方式?"这些问题似乎显得有些陌生,而一个已经同顾客建立了亲密关系的推销员会说:"我关心这些问题是因为我想实实在在地满足您的需求。"对这些问题的回答能很好地告诉推销员,如何以一种最有效的方式描述他的产品。

每个顾客都有各自特殊的购买策略,如果推销员不了解顾客各自的购买策略,就很容易把事情弄糟。要真正成功地让顾客购买你的产品并不如想象中的那样容易。推销员必须让顾客想起他们在购买他们喜爱东西时的情景,搞清楚是什么促使他们决定买那件东西的。一个学会如何去了解别人策略的推销员将会准确地了解他的顾客的需求,从而真正地满足这些需求,联系起一批长期用户。只要你了解了某人的策略,那么,你就能在几分钟内了解到别人要花几天甚至几周时间才能了解到的情况。

比如你一旦发现了某人爱的策略,就能通过触发引起爱感的刺激,使他(她)感受到无限的爱。你也可以弄清你自己爱的策略是什么。爱的策略与其他策略的一个重要区别在于:爱不是分三步或四步走,它只

有一步,一次接触,说的一件事或者看见一个动作,都会使他(她)感到无限的爱。

这意思是说,每个人都只需要通过一种感觉系统去感受爱吗?当然不,我们都希望通过所有三种系统来感受爱。你一定希望别人以恰当的方式触摸你,向你显示他们爱你,告诉你他们爱你。正如有一种感觉会占主导地位一样,爱也有一种主要表达方式,会立即打开你的心灵之锁,使你感到充分的爱。

现在,你已知道如何了解别人感受爱的策略,那么,就与你心爱的人一块坐下来搞清楚双方感受爱的策略是什么,了解你自己感受爱的策略,告诉你心爱的人如何激发你充分爱的感受。了解你的爱人对于爱的感受是视觉的、触觉的,还是听觉的,是否与你想要表达给他(她)的方式相一致,同时也让对方了解你的感受。这种相互的理解将能改善你们之间的关系。

69

成功者的心中永远有一张蓝图,这份憧憬能不断地激发其内在的创造力,形成有效的策略,把他们的梦想与渴望变成现实。

# 第四章 加满成功的燃料

> 在任何情况下,生理状况都是我们最大的动力——因为它能即刻产生影响,而且其影响永不消失。
>
> 生理状况的协调能产生一种巨大的力量。那些不断取得成功的人都能充分调动他们所有的力量——精神的、生理的——共同达到一个目的。

70

使你处于一种积极状态的方式是通过行为组合和内部想象,还有一种方式就是生理调节。前面我们已经讲过大脑和肉体可以结合成一种控制回路,我们讨论了状态的精神方面,下面再来看看状态的另一个方面。

人们做任何事情都有策略。如果你在清晨起床后感到精神饱满、充满活力,那么,你肯定有一种策略驱使你这样做,尽管你也许不知道这种策略是什么。但如果有人问你,你也能告诉他,你这样做时对自己说了些什么? 看到了什么或感觉到了什么? 记住,了解策略的方式

就是让"厨师"回到"厨房"去,也就是让他处于你所希望的状态,然后再弄清他做了哪些努力来创造和保持这样的状态。

在安东尼·罗宾的训练班里经常可以看到一片喧闹的、快乐的、杂乱无章的激动场景。有时可能会看见300个人在跳上跳下、尖叫,像狮子一样怒吼,挥动着胳膊,摇动着拳头、鼓掌,还有人手舞足蹈,就好像有使不完的力量,只要他们愿意,他们甚至可以使一个城市疯狂起来。

这是怎么回事?

这就是人的控制回路的另一半:生理状况。这些行为的目的只

有一个,那就是使你感觉到比以前更有力、更幸福,就好像你知道自己会成功似的。有很多种方式可以使自己处于一种促使自己去取得任何结果的状态,其中之一就是采取一些行动,使你觉得好像已经取得了那样的结果。

生理状况是我们改变状态、取得结果的最有力的工具。

## ❁ 改变生理状况—— 改变状态

如果你的生理状况充满生气、富有活力、兴奋激昂,那么你就会自动处于同样的状态。在任何情况下,生理状况都是我们最大的动力——因为它能即刻产生影响,而且其影响永不消失。生理状况和内部想象是密不可分的一个整体,如果你改变其中一个,那另一个也随之改变。如果你改变你的生理状况——即你的姿势、呼吸方式、肌肉紧张程度——那么,你也就改变了你的内部想象和状态。

你是否能回忆起一次你感到精疲力竭时的状况?那时你是怎样理解这个世界的?当你感到全身无力、肌肉疲乏、浑身疼痛时,你就会觉得这个世界与你神清气爽、充满活力和生机勃勃时大不一样。生理控制是指挥你大脑的有力武器,因此必须认识到它对我们的影响程度及其价值,它在人的控制回路中并不是无关紧要的因素,而是一个极其重要的组成部分。

当你的生理状况每况愈下时,你状态中的积极力量就会慢慢消失。反之,如果你的生理状况充满勃勃生机,那么,你的状态也会充满活力。因此,生理状况是情绪变化的控制器。事实上,正因为有生理状况的相应变化,才产生了情绪,而没有状态上的相应变化,也不可能有生理状况的变化。要改变状态有两个办法:改变内部想象或者改变生理变化。因此,如果你想马上改变你的状态,就要首先改变你的生理状况——即你的呼吸方式、姿势、面部表情等等。

如果你想感到疲惫,那么你可以在生理状况上做某些特殊的努力,不断地把这种信息传达给自己,如双肩下沉,放松主要的肌肉组织等等。你也可以改变你的内部想象,使它向你的神经系统传送你累了的信号,从而轻而易举地使你感到疲惫不堪。如果你不断地告诉自己累了,那你就会形成累了的内部想象。如果你说你有能力控制局面,如果你有意识地接受这种生理状况,你的身体就会使你的生理状况变成那样。改变你的生理状况就

71

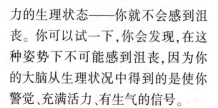

等于改变了你的状态。

## 你体内的巨大能量

在关于信念方面，罗宾曾提到过信念对于健康的影响。今天，科学家们的任何发现都是在强调一件事：疾病与健康、充满活力与感到沮丧常常是个结果。我们可以肯定，这些与我们的生理状况有关。这些通常不是有意识的结果，但却是实实在在的结果。

没有人会有意识地说："我宁肯苦恼也不要幸福。"但沮丧的人会有什么表现呢？我们把沮丧看成是一种精神状况，但它毫无疑问是一种生理状况，我们不难想象出一个处于沮丧状态的人的形象：他低着头走来走去，双肩下沉，呼吸微弱，他的一举一动都使身体处于沮丧的生理状态中。

令人兴奋的是，现在已经有一种特殊的方式可以改变人的生理状况，从而使人能轻而易举地创造出喜气洋洋的状态。情绪到底是什么呢？情绪是一种复杂的联想，是生理状况的一种复杂的结构。对任何人来说，只要可以改变他的生理状况，就能改变他的状态。

如果你挺直身体，如果你昂首挺胸，如果你呼吸深沉，如果你凝神注目——如果你使自己处于一种有

力的生理状态——你就不会感到沮丧。你可以试一下，你会发现，在这种姿势下不可能感到沮丧，因为你的大脑从生理状况中得到的是使你警觉、充满活力、有生气的信号。

如果你认为自己不能做某事时，可以通过内部想象来采取一些行动，使你自己觉得好像能做这件事。你一定会说："可我不知道怎么办！"其实一切都很简单，只要你让自己觉得知道怎样去做、去站立、去呼吸。使你的脸部表情看上去好像现在就能做这件事就可以了。当你用那种姿势站立，用那种方式呼吸，使自己处于那种状态后，你立即就觉得自己能干这件事了。由于有了能改变生理状况的神奇力量，这种方法永远不会失效。你可以通过改变别人的生理状况，使他们去做那些他们认为不能做的事——因为他们在改变其生理状况时也改变了状态。

想一件你认为自己不能做但希望做的事。如果你知道自己能做这件事，你会以怎样的姿势站立着呢？你会以怎样的声调说话？你会以怎样的方式呼吸？你现在尽可能自然地使自己处于上述这种生理状况中，让你的整个身体都向你的大脑传递你能做这件事的信号。使你站立的姿势、呼吸的方式、脸上的表情都反映出你能做这件事的生理状

况。注意你现在所处的状态与你刚才所处的状态之间的差异。如果一直保持这种正确的生理状况，你就会觉得，"好像"你能控制以前认为自己不能控制的任何事情。

不管什么时候，当我们觉得不能做某事时——不能接近某个男人或女人，无法自如地同上司谈话等等，都可以试试这种技巧。我们可以通过改变内部想象或生理状况来改变我们的状态，使我们有力量采取行动。

在体育训练中，如果你筋疲力尽，呼吸短促并且不断地对自己说你是多么累，你跑的距离多么远，那么你就会在生理上放松自己——如坐下来喘口气——这样就会使你的这种感觉得到加强。但是，即使你喘不过气来，如果你有意识地站直身体，把呼吸调整到正常频率，那你很快就会觉得又恢复了体力。

罗宾认为改变内部想象和生理状况不但会改变我们的状态和行为，而且还会影响到我们体内的生化和电子过程。研究表明，当一个人处于沮丧的状态时，他们的免疫系统功能会下降——白细胞数量减少。由于人的大脑和肉体是一个紧密联系在一起的整体，因此，在紧张状态下，整个身体的电子系统也会发生变化，从而使我们完成那些似乎是不可能完成的事情。我们的经历和书本知识都告诉我们，我们体内的能量远远超出我们的想象。

这方面的专家赫伯特·班逊博士就曾描述过世界上很多地区巫术的不可思议的魔力。在澳大利亚一个土著部落里，巫医们有一种叫做"拆骨头"的把戏。这种把戏所使用的咒语非常有效力，以致使受咒者绝对肯定地认为自己将会有可怕的病灾，甚至会死去。班逊博士在书中这样描述巫术：

"那个觉得自己正在被敌人拆去骨头的男人，看上去实在可怜，他呆呆地站在那儿，眼睛直愣愣地盯着前方，举着手，似乎想挡住他想象正在注入他体内的那种致命液体，他的脸色苍白，目光呆滞，面部可怕地扭曲着……他想叫，但声音被卡在嗓子眼。人们只能看见他嘴角在冒白沫，他的身体开始发抖，浑身的肌肉不自觉地抖动着。随后向后倒在地上，昏了过去。但过了一会儿，又开始抽动，翻滚，好像在经历巨大的痛苦，他把手盖在脸上，开始呻吟起来……过不了多久，他就会死去的。"

不知道你的感觉怎样，这是不是你所读过的最逼真、最可怕的描述。这是证明生理状况的力量和信念的力量的最好例子。在一般情况下，没有任何东西会使这个男人成为这个样子，是他自己的信念和生

73

理状况产生了使他毁灭的可怕力量。

我们常听说紧张的可怕影响，还常听说人们因为失去心爱的人而失去生的愿望。我们大家似乎都明白消极的状态和情绪确确实实会毁灭我们，但我们却很少听说积极的状态会使我们身体康复的例子。

在这方面最著名的例子就是罗曼·科辛斯的故事。在《疾病分析》一书中，他描述了自己是怎样通过笑来使自己康复。笑声是科辛斯用来有意识地努力激发自己活下去、战胜疾病的一种工具。他的生活方式经过精心的安排，其中主要的部分就是把他的大部分时间沉浸在能使他发笑的电影、电视和书本之中。这明显地改变了他的内部想象，笑声也彻底改变了他的生理状况，进而改变了传到他神经系统的信号。他发现身体产生了一系列变化，睡得香了，疼痛感也减轻了，整个生理状况得到了改善。

最后，他彻底康复了，而当初医生曾说他恢复的可能性只有1/500。科辛斯说："我从来不轻视人类大脑与肉体的再生能力——即使情况似乎完全无望。生命可能是地球上最令人难以捉摸的力量。"

有些研究人员经过实验证明，一个人并不是因为感觉很好而产生微笑，或精神状态颇佳时才发出笑声，相反，而是由于微笑或笑声才使

我们感到愉快，它们加快了血液向大脑的流动，改变了血液中氧气的含量以及神经传感器的控制程度。其他情况也是如此，如果你的脸上出现恐惧、气愤、憎恶、惊异的表情，那么，这些表情将使你形成这样的感觉。

人的面部大约有80块肌肉，它们的作用就是在人的身体经历大幅度的变化时保证血液供应的平稳，或者改变大脑的血液供应，进而改变大脑功能。1970年，一位名叫依色列·韦恩鲍姆的法国内科医生在他的一篇著名论文中说，面部表情确实改变了感觉。今天，旧金山州立大学精神病学教授曾对《洛杉矶时报》的记者说："我们知道，如果你有某种情绪，就会在脸上反映出来，如果你对痛苦付之一笑，那么你的内心就不会感到痛苦，如果你脸上表现出悲哀的神态，就说明你的内心觉到了悲哀。"

## 改变状态的直接方式

我们已充分地了解了大脑与肉体的关系，因此，你要做的就是很好地控制你的生理状况。如果你的身体始终保持最佳的状态，那么，你的大脑工作也将最有成效。你的身体

74

越好,大脑工作就越佳。

生理状况的一个重要方面就是协调性。如果有人传递给你一种他认为是积极的信号,但他的声音很弱,很含糊,而且这个人的身体语言又不连贯,没有次序,那么,这就是不协调的。这种不协调性使本来能成功的事也变得不成功。给自己一种矛盾的信号就是有意识地使自己犯错误。

你可能经历过这样的时候:你不相信某人,但你却说不出为什么。这个人说的一切都在理,但你却莫名其妙地并不完全信任他。你的大脑无意识地接收到一些你有意识所接收不到的信号。比如,当你提一个问题时,这个人可能回答说:"是的。"但同时,他的头可能慢慢地摇动表现出否定的回答。或者他可能说:"我能解决它。"但你看到的他却是双肩上耸,眼睛下垂,呼吸短促——这一切都使你从直觉上感到他真正要说的是:"我不能解决它。"他嘴上说行,但身体却表露出不行的信息;他的语言反映的是一回事,而他的生理状况反映的却是完全不同的另一回事。

生理状况的协调能产生一种巨大的力量。那些不断取得成功的人都能充分调动他们的所有力量——精神的、生理的——共同达到一个目的。

罗宾指出,创造生理状况的一致性也是影响个人力量的一个关键因素。当你进行交流时,你让自己的声音、呼吸、你的整个生理状况发送同一信号。当你使自己的身体和语言协调一致时,你就能清楚地告诉大脑,你的目的是什么,大脑也就能做出相应的反应。

如果你对自己说:"噢,不错,这事我能做。"但同时你的身体显得疲惫无力,这样传送给大脑的是什么信号呢?这就像从很小的缝隙中看电视一样,根本无法看清图像。大脑也是这样,如果你的身体提供的信号很弱,那么大脑对需要什么就没有一个明确的概念。

如果你说:"我一定要做这件事。"而且你的生理状况高度一致——也就是说,你的姿势、面部表情、呼吸方式、语言以及声调都发出同样信号——那就肯定你能做这件事。我们希望获得一致状态要实现这个愿望,其关键就是使你的生理状态有力、积极、高度一致。如果你的语言信息和身体信息不一致、不谐调,那么,你就不会产生有效的行动。

罗宾认为创造协调一致的生理状况的方法之一,就是模仿那些出类拔萃的人的生理状况。即弄清他们在特定环境下使用大脑的哪一部分。你可以列举几个成功人士,他

75

们的行为和生理状态与你的行为和生理状态有何区别？他们是怎样坐的？怎样站的？怎样动的？他们有哪些主要的面部表情和姿势？花点时间学学他们的坐姿，模仿他们的面部表情和姿势，同时注意你的感觉。

一般情况下，模仿别人的生理状况时，他往往可以获得同被模仿人一样的状态和感觉。你可以试试这个练习：找一个人一起做这个练习，让他回忆一次特别紧张的经历，不要让他把他记忆的内容告诉你，只是回到那种状态中。这时，你去模仿这个人的各个方面，模仿他坐的姿势、放腿的姿势、放胳膊和手的姿势，模仿他的脸部表情，模仿他的头的姿势，模仿他的所有动作，模仿他的嘴、皮肤的紧张程度，以及他的呼吸频率，力图使自己处于与他同样的生理状况。如果你能做到这一切，并向大脑传送相一致的信号，你就会体会他的感觉。

如果你听听小马丁·路德·金的录音，以他讲话的方式讲他说过的那些话，同时模仿他的声音、语气、速度，那么，你就会感受到前所未有的力量。读约翰·肯尼迪、本杰明·富兰克林或阿尔伯特·爱因斯坦等人的书，可以使你处于与他们一样的状态，像他们那样思考问题，从而创造出同他们一样的内部

感觉，采取同他们一样的行动，进而取得同他们一样的成功。

你愿意立即开发你更多的内部力量吗？那就有意识地模仿你所尊敬的或崇拜的人的生理状况，这样你就会创造出同他们一样的状态，并且很可能取得像他们那样的成就。当然，你绝不能模仿一个处于沮丧之中的人的生理状况，你要模仿的是处于积极的、有力的状态之中的人的生理状况，因为模仿他们才会使你获得一种新的选择，一种你以前从未体验过的、利用大脑的方式。

安东尼·罗宾举例说：有一个小伙子，在一次车祸中，由于他的大脑部分受损，他的生理状况一直很糟。不过，他通过模仿一些积极的人，他的大脑开始以一种全新的方式发挥作用。使他几乎完全变成了另一个人，以一种与以前完全不同的方式行动或感知事物。通过模仿别人的生理状况，他开始体验思想、情绪和行为上的新选择。

如果你去模仿一个世界级长跑运动员的信念系统、行为组合和精神组合以及生理状况，那么，你也能创造像他那样的世界纪录吗？那倒不一定，因为你不可能准确地模仿与他同样的生理状况。但是你可以体验到一种令你充满朝气的生活。

在某些成功人士的身上，如约

翰·肯尼迪、小马丁·路德·金和富兰克林·罗斯福,可以发现一些特殊的生理状况——特殊的面部表情、特殊的声调、特殊的姿势。如果你能模仿他们的这些特殊生理状况,你就会开发你大脑中同样有潜力的部分,会以他们的那种方式处理问题,慢慢地,你也会用他们的那种感觉方式去感觉。很明显,因为在状态形成的过程中,呼吸方式、动作状况及声调都是很重要的因素,最好是看看关于他们的电影和录像,花一点时间尽可能准确地模仿他们的姿态、面部表情和手势,你便会获得同他们一样的感觉。如果你能记住他们的声音,你也可能会以同样的声调说话。

还要注意他们所表现出的协调程度,他们的生理状况所发生的是一致的而不是矛盾的信号。如果你在模仿他们的生理状况时不能协调一致,那么,你就不能像他们那样去感觉周围的一切。

以上我们谈了改变状态的直接方式,你可以用一种新的方式来呼吸、移动身体或变换面部表情,进而改变你的状态。记住,任何方法的应用最重要的是灵活性,最有灵活性的人就是自我控制最好的人,模仿只是创造一种可能性,最有效、最有力、最迅速的方式是生理状况的改变。

## 成功的燃料

人的精力可以看成是成功的燃料。你可以不断地改变你的内部想象,但是,如果你体内的生化机能被打乱,就会使大脑产生歪曲的想象,就会使整个系统出现偏差。因此,我们需要对生理状况的基础——吃的、喝的、我们的呼吸方式——进行探讨。

你可能拥有一辆世界上最漂亮的跑车,但如果给它灌上啤酒而不是汽油,那就别想让它跑起来。也许你的汽车性能很好,燃料也充足,但如果打火装置不好,那也不能很快地把它发动起来。在这里,我们将讨论关于人的精力的问题,以及怎样使人的精力处于最佳状态的方法。人的精力越旺盛,机体的效率就会越高;机体的效率越高,人的感觉就越好,就能更多地利用自己的才能创造奇迹。

安东尼·罗宾深深了解精力的重要性及其可能释放出来的巨大魔力。他的体重曾高达268磅,后来逐渐下降到238磅。在此之前罗宾每天除了吃和看电视就无所事事。终于有一天,他厌倦了这种生活方式,因此,他开始了解是什么能使人保持健康的体魄。

营养是一门非常复杂的学问,许多有关这方面的书籍也层出不

77

穷,不过这些书的观点大多是互相矛盾的,读者很难找到一个使自己体魄健壮的准则。

安东尼·罗宾根据自己的实际经验总结的一条养身之道对我们非常有益。他告诉我们:以前,我每天需要 8 小时的睡眠,早晨需要 3 个"闹钟"才能使我起床——一个响铃、一个收音机以及灯光。而现在,我每天晚上都能指导一个研究班,到凌晨一两点才上床,五六个小时后就能醒来,并且精力充沛,神清气爽。这就是那些原则赋予我的结果。"

罗宾在他的著作中曾经介绍了保持健康生理状况的六种重要的关键因素。这六条原则,对罗宾本人及他周围的人都产生过惊人的效果。你可以用这六种原则试验 10 ~ 30 天,然后再根据它们在你身上所产生的结果,而不是根据你相信的东西来判断它们的有效性。要充分了解你身体的工作方式,尊重它,满足它的需求,那么它也就会满足你的需求。你已经学会了控制你的大脑,现在你应该学会控制你的身体。

## ❧ 呼吸——健康的第一关键

呼吸是机体健康的第一关键。健康的血液是机体健康的基础。血液是把氧气和营养物质运送到机体每个细胞的工具。如果你有一个健康的血液循环系统,那么,你就会健康长寿。控制这个系统的关键是什么呢?那就是呼吸。呼吸是充分氧化机体,进而刺激体内每个细胞的工具。

你的身体是怎样工作的呢?呼吸不仅控制对细胞的氧化,而且还控制淋巴液的流动。淋巴液中含有人体免疫所必需的白细胞。那么,淋巴系统是什么呢?有人把它看做是人体的污水处理系统。人体的每个细胞都有淋巴液围护着。体内的淋巴液的数量是血液的 4 倍。淋巴系统的工作过程是这样的:血液从心脏被压出,通过动脉到达毛细血管,到达毛细血管的血液都携带着氧气和营养物。在毛细血管中,血液渗入包围着细胞的淋巴液之中,这些细胞吸取其中维持其健康所必需的氧气和营养物,排出有害物。这些有害物一部分又回到毛细血管,但死亡细胞、血蛋白及其他有害物,却必须由淋巴系统来处理,而淋巴系统则是由深呼吸所调动的。

血液流动是因为有一个泵,即你的心脏。但淋巴系统没有。淋巴液流动的唯一动力就是通过深呼吸和肌肉的运动。因此,如果你希望你的血液健康、淋巴和免疫系统有效,那么你就必须进行深呼吸以刺激它们运动。

如果你了解了深呼吸的重要性，那么你就能显著地提高你的身体的健康程度。

氧气是维持人体健康所必需的东西。大量研究表明，缺氧是导致细胞变质的主要原因，直接影响到细胞的活性。要知道，身体健康的程度实际上就是细胞活性的程度。因此，充分氧化细胞是重要的，所以，有效呼吸更重要。

最有效的呼吸方式就是：吸一次气，然后用 4 倍于吸气的时间屏住气，再以 2 倍于吸气的时间呼出。为什么呼气的时间要是吸气的两倍呢？多出的时间就是你通过淋巴系统处理有害物的时间。那么，为什么屏气要用 4 倍于吸气的时间呢？这就是你充分氧化血液、调动你的淋巴系统的时间。呼吸的时候应该深及腹部，这样才能像一个真空吸尘器一样消除血液中的有害物。

锻炼后你是不是感到饥饿？游泳之后你是不是想坐下来吃点东西？我们知道，事实上人们并不这样做，为什么呢？因为通过大量的呼吸，身体已得到了它最需要的东西，因此，对于机体的健康来说最重要的是呼吸。你可以按照上面所说的方式每天做深呼吸 10 次，如果你每天都坚持这样的练习，你将会极大地改进你的健康状况。世界上没

有哪种食物或药物能像深呼吸这样使你受益无穷。

对于身体健康来说，与呼吸相适应的还有一个重要因素，那就是要每天坚持户外锻炼。跑步、游泳都是好办法。如果你进行适当的锻炼，你就能进行深呼吸。试一试吧，你会体味到其中的乐趣的。健康的体魄是你成功的最基本的条件之一。

## ❧ 含水的食物

人体的 70% 是由水组成的，那么你觉得哪些是含水分多的食品呢？你应该肯定你的食物中 70% 都应该是含水丰富的东西，也就是说，要多吃新鲜水果、蔬菜及其鲜汁。

有人建议每天喝 8 至 12 杯水，以"满足身体的需要"。这简直是梦话，我们知道，大多数的水都不是那样纯净，可能含有氯气、氟化物以及其他有害杂质。喝蒸馏水虽然是个好办法，但不管你喝什么水都无法净化你的身体。喝多少水应该由你身体需要水的程度而定。

不要指望用水充斥你的身体来净化你的肉体，而应该多吃含水丰富的食物。含水丰富的食物有三种：水果、蔬菜、汤菜。这些东西将向你提供大量的水以及维持生命、净化身体的物质。如果人们长期食用含水量低的食物，就会给身体造

79

成危害。有一位医学博士说:"当供给人体的水分太少,血液的浓度就会增高,体内各系统和细胞组织所产生的废弃物就不能完全排出来,所以,身体就会受到它自身废弃物的危害。其主要原因就是人体内缺水。"

你的食物应该有助于你身体的净化过程,而不应该给它增加不必要的负担。废弃物在体内的沉积会促使疾病的发生。保证血液和身体不受体内废弃物和有害物影响的方法之一,就是限制摄取有害于净化器官的食物。另一个方法就是给身体提供足够的水分,以帮助它净化体内的废弃物。

在你的食物中,含水量大的食物占了多大比例?把你上星期吃的东西列个表,看看含水量大的食物占多大比例?在大多数人的食物中,含水量大的食物只占 15% ~ 20%。这个比例肯定低于人类的平均水平,简直等于自杀。如果你不相信,你可以去查一下关于癌症和心脏病的统计资料,还可以去看看国家科学院建议你不要吃的各种食物及其有效水含量。

如果你把目光投向大自然,你就会发现,最大最有力量的动物都是食草类动物,如大猩猩、大象、犀牛等等,它们都只吃含水量高的食物。食草动物的寿命比食肉动物长。那么,你怎样保证你的食物中有 70% 是含水量高的食物呢?其实这很简单,只要从现在开始保证每餐都有蔬菜就够了。

## 🌸 食物组合

有一位医学博士在庆祝他的百岁生日时,有人曾问他,是什么东西使他能够长寿?他说:"前 50 年好好保养你的胃,后 50 年你的胃将好好报偿你。"简直是至理名言。

很多科学家都在研究食物组合。你知道第一个广泛研究食物组合的科学家是谁吗?他就是大名鼎鼎的伊万·巴甫洛夫,他由于在条件反射方面突破性的研究而闻名于世。有些人把食物组合看得很神秘,其实它非常简单,就是说:有些食物不能同其他食物一块吃,不同类型的食物需要不同类型的消化液,并不是所有的消化液都可以共存的。

比如,你将肉和土豆一块吃过吗?干酪与面包、牛奶和谷类食物、鱼和米饭,这些东西一块吃会怎么样呢?这些食物组合对你的内部系统是十分有害的,并且消耗你的精力。

为什么这些食物组合是有害的?怎样来挽救你目前可能正在损耗的精力?不同的食物是由不同性

质的消化液消化的。淀粉类食物（米饭、面包、土豆等等）需要碱性消化液，这种消化液最初是由唾液淀粉酶在嘴里形成的，而蛋白质类食物（肉、奶制品、果仁等等）则需要酸性消化液。

化学上有一个原则：两种性质相反的液体（酸性的和碱性的）不能同时起作用，如果你把蛋白质类食物和淀粉类食物一块吃，那么消化作用就会受到影响，甚至完全被抑制。没有被消化的食物就会成为细菌的温床，使其得以分解、生长，进而发展成消化机能紊乱。

不能共存的食物组合损耗了你的精力，而任何损耗精力的东西都是潜在的病源，它会产生过量的酸，使血液变稠，流动变缓。还记得你去年从感恩节的餐桌上下来后有些什么感觉吗？这种饮食方式对身体的健康、对血液、对一种精神饱满的生理状况有多大益处呢？你知道，在美国最畅销的药是什么吗？过去是镇静剂，现在是胃药。也许我们可以找到一种更明智的吃法，这就是食物组合所要解决的问题。

其实有一个很简单的方法，那就是一餐只吃一种凝缩食物。凝缩食物是指含水不多的食物，比如牛肉干就是凝缩食物，而西瓜就是含水量高的食物。有些人不愿意舍弃对凝缩食物的摄取量，但至少你应

该有所限制。要保证不同时吃蛋白质类食物与淀粉类食物，不把土豆和肉类搁一块吃。如果你觉得生命少不了这两种中的任何一种，那么，就午餐吃一种，晚餐再吃另一种。做到这一点并不难，不是吗？你可以去世界上最好的饭馆，说："我要吃不带炸土豆的牛排，还要一份沙拉和一些煮蔬菜。"这种组合没问题，因为这是蛋白质食物与含水丰富的食物组合。你也可以要没有牛排的炸土豆，一大盘沙拉和煮蔬菜。要是这样吃一餐你会感到饿吗？当然不会。

你睡上 8 个小时，起床后还感到疲倦是吗？知道为什么吗？就是因为你在睡觉时，你的身体还在不停地消化装入胃里的不正确组合的食物。对大多数人来说，消化食物所耗费的精力比任何其他活动都多。当不正确组合的食物进入消化系统时，消化这些食物就要花 8 至 12 个小时，甚至达 14 个小时以上。当食物组合正确时，消化系统就能很好地、有效地工作，消化这样的食物一般只需要 3~4 个小时，因此消化过程就不会消耗你太多的精力。

## ❧ 控制饮食

你喜欢吃东西吗？你想不想长寿呢？其方法就是：只吃一点点。

81

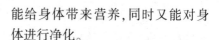
这样做就会使你活得更久，从而也使你吃得更多。

医学研究一再证明这一点，延长动物寿命最保险的方法就是减少它们所吃食物的数量。克里夫·麦凯医生在科尼尔大学做了一项著名的研究，他用老鼠做了一项实验，把它们的食物摄入量减去一半，结果它们的寿命延长了一倍。而爱德华·丁·马萨诺医生在得克萨斯做的一项研究更有趣，他把老鼠分为三组：第一组的老鼠想吃多少就给它们多少，第二组的老鼠只摄入60%的食物，第三组同第一组一样，只是蛋白质削减一半。结果如何呢？180天以后，第一组只有13%的老鼠活着，第三组只有一半的老鼠活着，而第二组却有97%的老鼠活着。

这些研究表明：控制食物摄入量可以延缓生理机能的退化，包括免疫机能的正常退化。因此，吃得少一点就会活得久一点。

## 多吃水果

多吃水果。水果是最理想的食物，它最容易消化，又能最大限度地使你的身体得到报偿。水果含有很多果糖，这种果糖很容易转化成大脑赖以生存的葡萄糖；而且，水果中有90%～95%是水分，因此，水果既能给身体带来营养，同时又能对身体进行净化。

可是大多数人不知道如何以有效利用其营养价值的方式去吃水果。水果应该在空腹的时候吃，因为水果主要不是在胃中消化，而是在小肠中消化的。水果在几分钟内直通过胃进入肠道，在肠道它才释放出糖分。但是，如果胃里有肉类、土豆或其他食物，那么，水果就会停留在胃里开始发酵。你是不是有过这样的经历：饱餐一顿后再吃一些水果？但发现整个晚上你都在打嗝，放出一些难闻的气味，其原因就是你吃水果的方式不当而引起。水果一定要在空腹时吃。

最好是吃新鲜的水果或喝新鲜的水果汁。不要喝罐头里的水果汁，因为，大多数情况下，在加工过程中，水果汁都被加热过，酸化了。水果汁在胃里消化很快，喝过水果汁15分钟后，你就可以吃别的东西了。

有一位马拉松长跑运动员，他生性对什么都不相信，但他却同意在他的食谱中适当加些水果。结果如何呢？他的马拉松成绩提高了9.5分钟，并且体力恢复的时间缩短了一半，平生第一次跻身波士顿马拉松赛。

还有一件事你必须记住：每天早餐不要吃很多东西，不然会使你的消化系统整天都处于紧张之中。

你应该吃那些容易消化、含有身体必需的果糖且有助于你净化身体的食物。你醒来时，最好只吃点水果或喝点果汁，最好在中午 12 点以前不要再吃其他的东西。你让水果在你体内待的时间越长，你的身体进行自我净化的机会就越大。如果你由此而放弃你每天早晨喝一杯咖啡或吃点其他食物的习惯，你将会感到一种新的活力和难以置信的充沛精力。你可以用 10 天的时间试试。

# 蛋白质

你听说过这样的事吗？如果你用足够大的声音撒一个足够大的弥天大谎，并且撒一个足够长的时期，那么，人们迟早会相信你的。世界上最大的弥天大谎要数这样的谎言了：人类需要一种高蛋白的饮食来维持人体的健康。

大多数人都非常注意蛋白质的摄入量。有的人试图通过它来增强自己的精力，有的人认为他们需要蛋白质来加强他们的耐力，还有的人摄入蛋白质是为了增强他们的骨骼，但是，过量的蛋白质所起到的恰恰是与这些愿望相反的作用。

我们来看看你真正需要多少蛋白质。你觉得人们什么时候最需要蛋白质？大概是他们的婴儿时期。大自然提供了一种食物：母乳，它可以供给婴儿所需要的一切。你猜猜母乳中蛋白质的含量是多少，50%？25%？或是 10%？都太高了。刚开始时，母乳的蛋白质含量仅为 2.38%，6 个月后降到 1.2%～1.6%。仅此而已。那么，我们是从哪里得到了人类必须用大量蛋白质来维持健康的观点呢？

没有人真正想过我们到底需要多少蛋白质。哈佛医学院的退休教授马克·赫格斯德经过 10 年的研究认为，很多人似乎觉得，对他们来说，无论摄取多少蛋白质都是必需的。但实际上，正如其他许多科学家所指出的，人们不必为蛋白质的摄入量担心，只要你的饮食中均衡地包括各种蔬菜，那么，你就肯定能获得你必需的全部蛋白质。国家科学院指出，成年的美国男子每天只需要 56 克蛋白质。在国际营养学联合会的一份报告中，我们发现，每个国家成年男子的蛋白质必需量为 39克至 110 克。那么，谁真正想过，你为什么需要这么多蛋白质呢？大概是为了补偿你失去的蛋白质，但你每天排出的蛋白质微乎其微。那么他们是如何得出以上数字的呢？

实际上，我们每天蛋白质的需求量只有 30 克，但建议我们需要摄入 56 克。摄取过量的蛋白质会使泌尿系统的负担过重，会引起疲劳。

现在我们来仔细分析一下，为

83

增强精力而摄取蛋白质的主意到底怎么样呢？身体到底是靠什么来维持其精力的？首先身体是利用从水果、蔬菜和汤菜中获得的葡萄糖，其次是利用淀粉类食物来维持其精力的，然后利用的是脂肪，最后所利用的才是蛋白质。这就是蛋白质的秘密。而蛋白质有助于增强耐力的说法也是错误的。过量的蛋白质提供给人身体的是引起疲劳的氮。那些完全用蛋白质来构筑身体的人，恐怕很难跑出闻名于世的马拉松水平。那么，蛋白质可以加强骨骼力量的说法如何呢？过量蛋白质常常与骨质疏松症相关联。世界上，骨质最坚硬的要数食草类动物。

## 🌿 从现在开始

本章的目的在于使你了解一些信息，供你判断什么是有价值的，从而摒弃那些毫无价值的东西，以此来控制自己的大脑，控制自己的身体，进而控制自己的命运。不过，你在做出判断之前，为什么不对本章所叙述的几条原则进行一番测试呢？你可以试上 10 到 30 天，或者更长时间，然后根据你自己的体验来判断它们是否能使你的精力充沛，是否能使你充满激情去做一切事情。不过有一点需要说明一下，如果你开始以刺激你淋巴系统的方式

进行有效呼吸，如果你正确地组合你的食物，并且吃包含 70% 的含水量高的食物，那会怎么样呢？你见过一栋只有一个出口的房子着火的情景吗？房子里的所有人大喊大叫着涌出唯一的出口。你的身体的工作情形也跟这差不多。你的身体要开始清除多年来的沉积物，因此，可能你会突然打喷嚏。这是否意味着你着凉了呢？不。这是你吸进去的"寒气"引起的。由于长年累月不好的饮食习惯，使你体内产生了"寒气"，你身体的排污器官现在可能已有精力消除以前聚积在体内的过量的废物。在这个过程中，少数人可能会产生轻微的头痛，但这只是你克服多年的坏习惯所需要付出的一点代价。大多数人都不会有这种不良反应，他们只是感到精力增强、神清气爽。

记住，生理状况的好坏会影响到我们的理解能力和行为举止。美国人的快餐和某些加有添加剂和化学制品的食物都会使人体内积存排泄物。这些排泄物会改变人体的氧气能和电子能，从而使人体产生疾病或使人犯罪。有一个少年犯的食谱实在令人吃惊：

早餐，这个小伙子要喝 5 杯糖斯玛克，一个炸面圈，外加两杯牛奶，还有 3 条约 15 厘米长的牛肉干。午餐，他吃两个汉堡包，法国炸土豆

条，少量绿豆，一点点或者根本没有沙拉。晚饭时，首先吃些白面包，一罐番茄汤，10盎司一杯的冷饮。随后不久，他还要吃一碗冰淇淋，一个马拉松糖糕，还要喝一小杯水。

人体到底能吸收多少糖分？他吃的食物中水的含量有多高？这样的食物组合恰当吗？一个社会中，要是年轻人都像他这样吃、喝，那这个社会就没有希望了。你认为他吃的这些食物对他的生理状况、所处状态及行为会有影响吗？肯定有。在一份问卷调查中，这个14岁的小伙子描述了下列情况：我一入睡，醒来就再也睡不着了。我头痛——觉得皮肤发痒，好像有什么东西在上面爬——胃、肠内翻江倒海，整个晚上噩梦不断，我感到虚弱，头昏眼花，浑身出冷汗——如果我不经常吃东西，我就会感到饥饿、无力。我非常健忘——我吃喝的多数东西中都加有糖——我常常心神不定——稍有压力就无法工作——做事犹豫不决——我感到沮丧——我对一切都没有信心。我头脑中一片混乱，常为一点小事大发脾气。我常常心惊胆战、神经质。我常常没来由地大声喊叫。

这个年轻人处于这种状态中，做出犯罪的举动你会感到奇怪吗？

幸运的是，他和很多像他这样的人行为上现在都发生了重大变化，这并不是因为他们受到了长期服刑的惩罚的缘故，而是因为通过改变他们的食谱，从根本上改变他们的行为。由此看来，犯罪行为并不只是由于心理上的原因，精神疾病也并不完全是心理障碍的结果。

你所吃的东西可能没有使你成为罪犯，但为什么不创造一种使你任何时候都处于最佳生理状况的生活方式呢？

本章所叙述的六条原则——六个关键——可以作为你创造你所希望的健康身体的原则。试想一下，如果从现在开始你亲自试一下这六条原则，会有什么结果呢？如果你每天坚持能使你精力充沛、充满活力地常常深呼吸10次，那会怎么样呢？如果你开始每天感到愉快、自信、充分控制你的身体，那会怎么样呢？如果你开始吃有利于健康、能净化你的身体、含水量丰富的食物，而不吃有碍你机体运行的肉类或奶制品，那会怎么样呢？如果你正确地组合你的食物，把你的精力花在更需要的地方，那会怎么样呢？如果你觉得你的身体非常健康，并且具有你以前想都不敢想的充沛精力，那会怎么样呢？

85

# 第五章 目标——成功的方向

> 了解你的目标、行动,形成敏锐的感觉去分辨你所取得的结果,灵活地改变你的行为,直到取得你预期的结果。
>
> 如果你不知道你的目标是什么,你就不可能实现你的目标;如果你没有自己的计划,别人就会使你按照他们的计划行事。

86

现在想象你独自一个人在加勒比海上漂流着,天气很暖和,太阳在天空高照,没有特别的危险——我们已经完全把鲨鱼和水母消灭了。但是你有着重回陆地的自然冲动,你独自一人漂流着,既不知道自己身在什么地方,也不知道向什么方向走。现在你想象你看到了一座岛屿。突然之间你有了一个方向。你脉搏跳动加快了,你觉得自己充满了开始行动的冲动。你寻找到达那座岛屿的方法,你运用自己的一切,结果到达了那座岛屿。你看到了一个目标,这个目标把每一样东西都带到你眼前,让你仔细去研究,包括风、潮水、海浪、你的力气和身体状况。决定式你能

不能达到那座岛屿的因素固然很多,但是这一切程序却只是在你"看到"一个目标之后才开始。

如果你从来不曾用心看看你的四周呢?如果你只是漂流,忙着你身旁的事呢?那么,或许在 200 码内就有一座美丽如天堂的海岛而你却不知道;那么,如果没有救援的人来救你,即使天堂从你身旁漂过你也可能没看到。这个故事的要点是:你不能只关心你身边的事,你必须经常看向水平线以找寻你的目标。

## 你希望什么?

在前面,罗宾已经向我们叙述

了把握命运的工具。现在你已经具有发现别人是如何取得成就,如何去模仿他们的行为,以便你也能取得同样成就的技巧和洞察力。你已经学会如何运用你的大脑,如何控制你的身体,也知道如何去取得你预期的成就,以及如何帮助别人去取得他们预期的成就。

但还有一个重要问题:你希望什么?你所爱和所关心的人希望什么?本书以后几章将寻求这一问题的答案,并且找出一条使你能以最有效、最直接的方式利用你的能力的渠道。正如你已经知道如何成为一个优秀的射手,现在你需要找一个恰当的靶子一样。

无论你采取什么办法,增进效力,做到你在生活和事业中希望做到的事情,订立目标是第一步。首先,你需要这些目标测定式你的进展,只有在订立目标之后,你才能确定式你是不是比以前进步。重要的是,目标是你生活中的基本方向和方针,在纽约搭公共汽车,你是对着一个目的地,也就是你要去的一站选择你的方向。如果你要去不同的方向,你只要遵从不同的提示牌就可以了。你可能要转好几次车,从一个方向转向另一个方向,但你总是注意你最后的目的地,保持着你的方向。目标在你的工作和生活中具有同样的作用。你不一定式要真

正达到目标才可以为你提供一个有价值的方向。其实,大部分的目标并没有真正达到。就像在纽约坐公共汽车一样,大部分时间我们没有做到一条线路的最后一站,我们只是以一个目标交换了另一个目标而继续前行。

你已经知道了最佳成功准则:了解你的目标、行动、形成敏锐的感觉去分辨你所取得的结果,灵活地改变你的行为,直到取得你预期的结果。如果你没有取得预期的结果,你是否失败了呢?当然不是。就像一个引导小船的舵手一样,你只需要改变你的行为,直到取得预期的结果为止。

或许你曾经听过耶鲁大学在1953年针对人生目标所进行的研究。研究显示,1953年的硕士班高年级学生当中,只有3%曾写下自己的目标,并曾经计划过如何付诸实行。想想看,只有3%而已。

现在要恭喜你的原因是你即将进入的旅程会驱策你加入这3%的行列,就如同它也曾使许多人受益一样。以耶鲁硕士班学生为对象的这项研究显示,这些曾经设定式目标的效果有多大?选获得金钱是这些人成功的指标之一,不过我们还可以用其他标准来衡量,其结果是一样的。这些年轻人和班上其他同学们与众不同——而且他们会一直

87

保持下去，因为他们不停向自己提出十分重要、深入，且与订立目标息息相关的问题，告诉自己哪些才是他们真正想达成的。历史的经验也一再强调设定式目标的重要性。关于这个主题在过去20年间有部完整的作品，就是拿破仑·希尔的巨著《成功动力学》，书中他谈了许多当时最为成功的男男女女，他发现这些成功人士的共同点是善于制定目标。显然我们的社会承认制定目标确有其价值及益处。而对我们这些愿意从事个人发展的人来说，迄今为止最常唠叨不休的问题就是："既然许多人都了解其中的重要性，为什么还不订出自己的目标，并朝它去努力呢？"

下面你将学会如何系统地提出你的目标、愿望以及梦想，如何牢牢记住你希望的东西，以及如何达到你的目的。你是否曾试图用拼图玩具拼出一个你并没有见过的图案？如果你不知道自己的目标，就试图开始你的生命历程，其结果就同你玩拼图玩具一样是徒劳无益的。如果知道自己的目标，你就会给大脑提供一个清晰的图像，它就知道神经系统接收到的信息哪个重要，哪个要优先考虑，也就是给大脑提供了有效工作所必需的准确无误的信息。

有些人——我们大家都认识这样的人——他们似乎经常陷入混乱的迷雾中而不知所措。他们先朝一个方向走，随后又向另一个方向走。他们尝试一件事，随后又转到另一件事上去。问题很简单：他们不知道希望什么。如果不知道靶子在哪儿，你怎么能击中靶子呢？

## ❧ 确定目标的五条准则

本小节的任务就是教你做梦，而且你必须集中精力去做。你拿着铅笔和纸坐下来，把这一部分看成是一个目标装配车间。

你先找一个觉得特别舒服的地方，比如：你特别喜欢的一张写字台，或一张能照射到和煦阳光的桌子。准备花一个小时去研究你希望去做、去享受、去创造的东西。这可能是你有生以来最有价值的一个小时，你将在这一小时中学习怎样树立目标，确定式你希望的结果是什么。你将勾勒出你所希望的生命之路，你将明确你要去的地方，并且找到到达那儿的途径。

安东尼·罗宾在自己的成功哲学中，就制定目标提出了一个非常关键的问题，就是对可能做到的事情不要进行任何限制。当然，这并不意味着你可以不顾自身的条件和常识。如果你身高只有1.5米的话，你想赢得下一年度的扣球投篮的胜利是没有道理的，不管你做多少努力，都不会奏效(除非你能运用自如地踩高跷)。更重要的是,你做这样的努力，将会把你的精力从最有效的地方转移到这种无效的地方去。但明智地看,凡是对你有可能达到的目标都不应该加以任何限制。限制目标将导致对生命的限制。因此,在树立目标时应尽可能充实你自己。罗宾认为你在确定式目标时,可以遵循以下五条准则:

1.以积极的语言提出你的目标。把那些你希望出现的事情说出来。

2.尽可能具体。你的目标看上去如何？听上去如何？感觉上如何？用你所有的感觉来描述你希望的目标。你在感觉上的描述越丰富,就越能使你的大脑有力量创造出你所希望的东西。

3.要有明显的步骤。你应该知道,当你达到目标时,你会如何看,如何感觉,在你的内部世界中会看到什么,听到什么。你应该了解迈向总目标要经过哪些步骤,哪些过程,每一步怎么走,大脑中对你即将留下的每个脚印都要有清晰的图像。

4.要把握你的目标。你必须自己迈出走向目标的第一步,并且控制住自己,向着你的目标前进。不

能由别人来左右你。

5.证实你的目标是有价值的,不会损害别人的利益。预测一下你的实际目标达到后会产生的后果。你的目标必须于你于别人都有利。

## 装配目标的工序

首先列出你梦想的内容,即你希望拥有什么,希望做什么,希望成为什么。现在你坐下来,拿出纸和笔,要不停地写,至少写10到15分钟。这会儿你不要考虑该如何达到目标,只是把它写下来,不加任何限制,尽可能利用缩写,这样你能迅速进行下一个目标。记住,一切都在你的把握之中,了解你的目标是实现目标的首要条件。

罗宾指出,树立目标的第一个关键就是让大脑自由地驰骋,不要有任何限制。任何限制都是你自己造成的。当你开始对自己进行限制时,就赶紧把它扔掉。你先在大脑中形成一幅摔跤运动员把他的对手摔出绳圈外的图像,然后你也像摔跤运动员一样把那些限制你的东西都摔到绳圈外面去。这样做,你就能体会出你所获得的自由感。这是第一步,现在列出你的表来:

把你列出的表重新看一遍,估计一下达到这些目标所需要的时间:6个月、1年、2年、5年、10年、20

89

年。要注意你的目标的远近。有人发现，他们表中所列的目标都与他们眼前所希望的东西有关。另一些人则发现，他们最大梦想的实现还将很遥远，他们设想了一个完全实现其梦想的过程。如果你全部目标都是短期的，那就要对你的潜力和可能性做长远考虑；如果全都是长远目标，那你首先要采取一些步骤使你朝着这个目标的方向走下去。"千里之行，始于足下"，了解第一步与了解最后一步同等重要。

再次，你应挑出四个最重要的目标作为你今年要实现的目标。把你最感兴趣、能给你最大满足的事情记下来，再把你一定式要完成这几件事的理由写下来，要简洁明确，告诉自己为什么肯定式能完成这几件事，为什么这几件事对你来说很重要。

如果你能找到足够的理由，那么你就能使自己去做任何事。我们做某事的理由是比我们所追求的事物更强有力的刺激物。罗宾的第一个能力发展老师吉姆·朗经常告诉他，"只要你有足够的理由，你就能做任何事情"。理由就是有兴趣完成某事与有责任完成某事之间的区别。在生活中，我们所希望的事情很多，但我们对它们真正感兴趣只有一次，而对要完成的任何事情我们都必须完全负责。比如，你想成

为一个富翁，这只是一个目标，你的大脑从中并没有获得更多的信息。如果知道你为什么要成为富翁，致富对你意味着什么，那么就会使你更受激励而向这个目标努力。为什么做比怎样做更加重要？因为，如果找到了充足的理由，你就会去寻找做事情的办法。

列出了你的主要目标之后，现在用构成目标的五条原则对它们进行检验。你的目标是以积极的语言描述的吗？它们都很具体吗？它们有明确的步骤吗？描述一下你达到目的后将体验到什么？你会看到什么？听到什么？感觉到什么？也要注意目标是否在你把握之中，这些目标对你对别人是否都有益？如果你有某些地方不适合这些条件，那么就改变你的目标，以适应这些条件。

另外，还需要把你已经具备的各种必要条件列出来。你在组织一个工程时，首先必须要知道你有哪些工具。为了编织你未来的美妙梦想，你也必须知道自己具备什么条件。因此，要把你具有的、将为你所用的东西列出来：素质、经济能力、教育状况、时间、精力等等。

同时，把你过去最充分、最熟练地利用这些条件的情况写下来，找出你一生中最成功的几件事。想一想你在商业上、体育上，或家庭关系

上做得最好的几件事,也可以是你在证券市场上突然获得的巨大成功,还可以是你和孩子们(或与父母)度过的愉快的一天。在写下这几次情况时,描述一下你做了些什么事,你利用的是哪种能力和技巧,从而使你获得了成功。

这一切做完后,再描述一下为了达到目的,你应该成为什么样的人。是否要进行大量的训练?是否要受良好的教育?是否要很好地安排时间?比如,如果你想成为一个有独特个性的城市领导人,那么你就描述一下什么样的人会受选民欢迎,会真正有能力影响大众。

罗宾指出,我们应该对取得成功所必需的东西——态度、信念、行为了解得更多,只要你能好好地把握这些,你就会从整体上把握成功。因此,描述一下你所希望的东西和你所必须具有的特性、技巧、态度、信念等是绝对必要的。

接着,再写出会妨碍你达到目的的因素。克服你自己制造的这些限制因素的方法之一,就是准确地了解这些限制因素是什么。全面分析一下,看看有哪些东西会妨碍你实现目标,是没有计划?或是计划没有实施?你是想一次做很多件事,还是注意力集中在一件事上而无暇顾及其他?你是否曾有过无法实施的想法,从而使你产生了阻止你采

取行动的内部想象?每个人都有制约自己的因素,也有导致失败的策略,但我们现在可以认识它们,改变它们。

你应该了解自己需要什么,为什么希望得到这些东西,谁能帮助你,以及其他很多事情,但最终决定式能否成功地达到目的的关键因素是你的行动。为了引导你的行动,你必须制订一个明确的计划。比如,你想要建一栋房子,是不是只需弄些木料、钉子、一把锤子、一把锯子,就可以了呢?这样能建一栋房子吗?肯定式不能。要想建一栋房子,必须先画一张蓝图,制订一个计划,否则,只能用木板胡乱地拼凑一通。你的生命历程同样也是如此。因此,现在你要画出成功的蓝图。

你想不断取得所希望的结果,应该采取哪些行动呢?如果你没有把握,可以找一个已经取得了同样成就的人,看看他是怎样行动的。你首先应该描绘出你的最终目标,然后可以倒着描述出你一步步前进的步骤。如果你的主要目标之一就是在经济上独立,那么最终一步可能是你成为公司的总经理;再后退一步成为副总经理或其他举足轻重的官员;再前进一步可能找一个精明的投资咨询人或税务律师帮你管理资金。就这样一步一步往回推,直到发现你现在就可以走的那一步

91

为止。现在你可以在银行开一个账户，或者找一本可以使你学到当代成功者的经济策略的书。如果你想成为一个职业舞蹈演员，那么你应该做些什么呢？你今天、明天、这一周、这个月、这一年可以做些什么呢？如果你想成为世界上最伟大的作曲家，那么要经过哪些步骤呢？你在事业上、在个人生活上，在一切事情上的目标都可以通过首先描绘你的最终目标，然后一步一步倒推，直到你现在能做的事情，从而勾勒出一条实现你的目标的准确道路。

罗宾强调要利用这个原则来指导你设定式计划。如果你无法肯定式你应该制订怎样的计划，那就问问你自己：现在有什么因素妨碍你实现目标。这个问题的答案就是你应该立即改变的因素。解决这个问题就成为你实现大目标的次目标或阶梯。

现在对你的四个主要目标中的每一个目标都拟出一个草稿。先列出一个目标，想一想，实现这个目标先要做哪些事？或者，目前有什么因素妨碍这一目标的实现？怎样克服这些困难？计划中一定式要包括你现在就能做的事情。

你还可以寻找一些可以模仿的人。他们可能是生活在你周围的人，或者是取得了巨大成就的人。写下三五个这样的人的名字，用几句话概括出他们取得成功的素质和行为。随后闭上眼睛，想象他们每个人都就你如何更好地实现目标而给你一些忠告，给你出些什么主意。把他们每个人给你出的最关键的主意记下来。这些主意可能是告诉你如何避开障碍，也可能是如何突破你自己的局限，还可能是要注意什么，或再补充些什么。尽管你并不认识他们本人，但通过这个办法，他们就能成为你走向未来成功的最得力的顾问。

阿德兰·卡索基模仿过洛克菲勒，他想成为一个富有、成功的商人，因此，他模仿了一个已经做过他想做的事的人。斯蒂芬·斯皮尔伯格在进入电影圈之前也模仿过环球影片公司的制片人。事实上，每个取得巨大成功的人都曾有过引导他们朝正确方向前进的榜样、良师或益友。

现在，你对自己该向何处去已有了一个清晰的内部想象。你可以通过模仿一个已经获得成功的人而节省时间、精力，避免走弯路。那么到底哪些人能做你的榜样呢？在你的亲朋好友中、亲戚中、国家领导人中、名人中，有很多人都可以成为你的榜样。如果你在认识的人中实在找不到好榜样，那就应该到别处去找几个。

以上所做的这些，都是向你大

脑提供一些信号,以利于你对目标形成一个清晰、准确的图像。目标就像磁石一样,它会把那些使它变成现实的东西都吸引过来。在前面,你已学会了如何控制你的大脑,如何在大脑中扩大积极图像,清除消极图像。现在也可以利用同样的方法为你的目标服务。

大脑对重复的和深刻的感觉最敏感,因此,如果你以深深的强烈的感觉持续不断地体验你所希望的生活,那么几乎可以肯定式你能创造出你所希望的东西。记住,成功之路总是可以铺筑成的。

罗宾告诉我们,建立各种不同的目标固然很重要,但最好能考虑一下这些目标全部实现以后对你意味着什么。想象一下你的理想生活:需要些什么人?你喜欢做什么?这样的生活如何开始?你会到哪儿去?你会遇到什么样的环境?这样惬意的日子结束时你会有何感觉?用纸把这一切都详细地记下来。记住,我们所经历的一切结果都始于我们大脑的创造,因此,应该按照你最希望的样子创造你的理想生活。

最后,千万不要忘记,我们梦想的实现始于我们的足下;千万不要忘记,迈向成功的第一步就是给自己创造一种培养创造力的气氛。

## 瞄准目标,击中目标

描绘一下你理想的环境。让你的大脑去想象,不做任何限制地设计一个使你能最充分地实现自我的环境。你会住在什么地方——在森林里,在海洋上,还是在办公室?你应该有些什么用具——颜料、乐谱、计算机,还是电话?为了确保你达到所有预期的目的,创造你所希望的生活,还需要些什么人来帮助你?

如果你对理想生活应该是什么样子没有明确的想象,那你怎么有可能去创造这样的生活呢?同样,如果你不知道理想的环境是什么样,那你怎么去创造它呢?如果不知道你的靶子是什么,那你怎么能打中靶子呢?记住,大脑对它应该达到的目的要有明确直接的信号。你的大脑有力量使你得到一切你所希望的东西,但它只有得到清晰、明了、强烈、集中的信号后才能做到。通过前面介绍的“工序”,你将准确无误地了解提供这种信号的关键步骤。

如果你不知道你的目标是什么,你就不可能实现你的目标。如果你没有自己的计划,别人就会使你按照他们的计划行事。如果你仅仅读了这部分,刚开始做不太容易,

93

但请相信，开始行动是很值得的。你在完成这些"工序"时，会感到它们越来越有趣。大多数人一生过得并不十分如意，其原因之一就是因为成功往往藏在艰苦的努力之后。实现目标的过程就是一个艰苦努力的过程。现在，你尽力发挥个人的力量，努力使自己彻底完成这些"工序"。有人说，人一生中只有两种痛苦，要么忍受艰苦努力之苦，要么忍受后悔、遗憾之苦。如果努力之苦以盎司计算的话，那么遗憾、后悔之苦则要以吨计算。通过运用上面的原则，你从中可获得无穷的乐趣，你不妨试一试。

另外，不断地回顾你的目标也很重要。有时我们自身发生了某些变化，但因为从来不知道停下来看看原来的目标是否合适，所以还是依照原来的目标。每隔一段时间，也许是几个月，也许是一年半载，都要系统地审查一下你的目标。坚持写日记就是一个很有用的办法，可以记下你在任何阶段对目标的实现情况。如果你的生活有价值，那么对你生活的记录也就有价值。

多年前，安东尼·罗宾设计了他理想的生活和理想的环境，现在他就一直处在这样的生活和环境中。

当时，他住在加利福尼亚一个很舒适的地方，但他知道还缺少许多东西。于是他决定式制订自己的

目标，决定式设计出他理想的生活。之后，他的想象中日复一日地体验他所希望的那种生活，以此来为他的潜意识编制一种创造这种生活的程序。他是这样开始的："我喜欢早晨一起床就能看见大海，随后能在软缎般的海滩上跑步。我的大脑中有一种图像——不特别明晰——希望我住的地方有翠绿的树林和迷人的海滩。

"我还希望有一个宽敞的工作室。在我大脑的图像中，这个工作室宽敞明亮，它在我住宅的二层或三层。我希望有一辆漂亮的小汽车，还有一个司机。我希望有一家商行与我合伙，它拥有四五个同我一样能干、激昂，并能不断给我新思想的伙伴。我希望自己能成为百万富翁。"

现在，他所希望的一切都得到了。他住的地方同他当时的想象完全一样。他造就了一个孕育自我创造力的环境，它不断地触发罗宾对未来一切的向往。这是怎么回事呢？因为罗宾给自己确定式了一个目标，一个清晰、明确的目标，他的大脑就自动地、无意识地引导他的思想和行为去取得希望的结果。自然，它能使罗宾处于理想的生活之中，也能使你获得你想要的生活。

现在，你最后该干的一件事是：把曾经是你的目的而现在已经实现

了的事情列出来。有时，人们沉湎于他们所希望的事情里，而对他们已拥有的东西不进行正确地评价和充分地利用。迈向未来目标的第一步就是看看你现在有什么可供充分利用的条件。实现你的梦想应该从现在开始，以后每天都促使你在正确的道路上向前迈步。莎翁曾经说过："行动最有说服力。"你今天以最有说服力的行动开始，明天就能获得更有说服力的结果。

## ❧ 精确表达你想要的

NLP 的创始人约翰·格林德和理查德·班德勒在对许多成功者进行研究时，从他们身上发现了很多共同因素，其中最重要的因素之一就是他们具备准确交流的技巧。一个人要想成功，必须要会处理信息，而最成功的人似乎都有一种能够迅速把握信息，并传达给别人的天分。他们一般都使用那些最能准确表达他们最重要思想的关键短句和词语。

我们前面已经说过，地图不是国土，我们用来描述自己经历的词语并不等于我们的经历。因此，成功的标准之一就是我们的语言表达我们思想的准确程度如何——地图反映国土的准确程度如何。正像我们能回忆起有那么几次别人的语言不可思议地令我们感动一样，我们

也能回忆起有那么几次我们同别人的沟通遭到巨大的挫败。有时我们认为已说清了一件事，但对方获得的却是相反的信息。精确的语言能推动人们沿着正确的方向前进，而模糊的语言则让人无所适从。

下面我们将学习能帮助你比以前更准确、更有效地进行交流的技巧。任何人都可以利用一些简单的语言工具来消除他们遇到的语言障碍。语言可能是堵墙，但也可能是座桥，重要的是利用语言能把人们联系起来，而不是把他们分开。

如何得到你想要的一切呢？我们的回答是请求。

这是梦话吗？当然不是。我们说的"请求"既不意味着乞求，也不意味着发牢骚，当然也不意味着请求施舍，更不会意味请别人来干你那份工作。这里的意思是学会明智、准确地请求，学会用一种帮助你明确目标、实现目标的方式。前面你在制订希望追求的具体目标时已学会这样做了，现在需要的是某些更具体的语言工具。罗宾强调，明智、准确地请求有以下 5 项原则：

1. 具体地请求。你必须向自己，也向别人描述你的希望是什么，多高？多远？多少？何时？何地？是谁？

2. 向那些能帮助你的人请求。仅有具体的请求是不够的，你必须

向那些拥有你所希望的东西的人请求——知识、资金、敏感性，或者经验。

你的任何希望——美好的家庭关系、美好的工作——都是有人已经获得成功了的，或是有人已经干过的事情，关键是去找到这样的人，搞清楚他们是怎样做的。

3. 为你所请求的人创造同等价值，不要指望只请求一下，对方就会给你什么东西。首先要搞清楚你能给他带来什么，即对方能够明确他在帮助你之后的获利是什么。如果你想办公司需要钱，办法之一就是去找一个既能帮助你又能从中获利的人。告诉他，你的主意能使你赚钱，也能让他赚钱。当然，你向他提出的请求并不总是这样明确，有时只是一种感情上的请求。如果你找到对方，说你要 1 万美元。对方可能会说："其他很多人都需要钱。"如果你说你需要这笔钱去改善人们的生活，那么他可能会听你说下去；如果你具体地告诉对方，你打算如何去帮助别人，为他们创造价值，那么，他可能会考虑一下如何帮助你也能为他自己创造价值。

4. 要以坚定式不移的信念去请求。如果你自己对所请求的事物都没有信心，别人怎么会有信心呢？因此，你要以坚定式不移的信念去请求，从你的语言和行动中表现出你的这种信念，表现出你一定式会成功的信心。这不仅是为你自己，也是为你所请求的人。

5. 一直请求到获得你所需要的东西为止。这并不是说只以一种方式请求，也不是说只向一个人请求。记住，前面说过，你应该形成敏锐的感觉，不断明确你所要获得的东西，必须灵活、及时地改变你的行为方式。因此，你在请求的时候，要不断地改变和调整你的请求方式和请求对象，直到获得你所希望的东西为止。

## ❧ 克服懒惰语言

最佳成功准则中最难的是哪一部分呢？对很多人来说，最难的就是具体地请求。我们所生活的这个社会并不重视准确的交流技巧，这可能是我们社会的最大弱点之一。

在我们这个社会，人们所用的很多短句和词语都没有或很少有具体的意义，罗宾把这些抽象的、没有感觉基础的词叫做"懒惰语言"。这些词都不是描述性的词语，倒像是一些模糊不清的推测。比如"珍妮看上去很沮丧"，或"珍妮看上去很累"，甚至"珍妮很沮丧"，或"珍妮累了"。具体的语言表达应该是："珍妮是一个 32 岁的女人，蓝眼睛、棕色头发，坐在我的右边。她仰靠在椅子上，喝着可乐，目光散乱无神，呼吸很轻。"对可以看得见的状态进行精确的描述与对看不见的东西进行推测是完全不同的两码事。进行描述的人并不想象珍妮心里在想什么，他只是对他所看见的东西进行描述。

进行假设是交流者懒惰的标志，是与人交往中最危险的事情之一。

这种"懒惰语言"会妨碍真正的交流。如果有人准确地告诉你是什么东西在困扰他们，如果你能发现他们所希望的东西，那么，你就能解决他们的问题。但是，如果他们所用的是模糊、抽象的语言，那么你只会如坠五里云雾而不知所措。有效交流的关键就是驱散这种云雾。

那么，怎样才能克服懒惰语言，掌握正确的交流技巧呢？

了解听者的心理和情感，是掌握交流技巧的基础。我们只有在了解对方的心理和情感的基础上，才能正确地选择在某个场合该讲什么，不该讲什么，最需要表达的是什么，哪些话能够打动对方的心坎，能使他产生共鸣，真正使谈话达到水乳交融的境地。

心理和情感是内心世界的东西，一般是捉摸不定式、较难把握的。但是，在有些场合，人的内心的东西又常通过各种方式而外露。如

果我们善于观察听者的一举一动，并能据此加以分析和推测，那么，我们基本上是可以掌握他的心理和情感的。譬如，在你讲话时，对方发出欷歔声，那么就说明他不喜欢你所讲的那些话；如果对方左顾右盼，思想不集中，就说明他心里可能很着急，但又出于对你的尊重而不好意思提出离开……当然，有许多人善于抑制自己的感情，不让它外露，即使这样，也往往会露出蛛丝马迹。

在交谈中，双方的心理和情感汇合在一起，再加上精确的语言和适当的表达方法就形成了谈话的气氛。这种气氛对谈话的效果有很大的影响。我们必须对其给予足够的重视。如果参加谈话的所有的人或大多数人的心理和情感与说话者一致，那么，气氛就会变得轻松愉快。反之，气氛就会变得紧张或死气沉沉。在轻松的气氛中，说话者往往心情愉快，妙语连珠，听者也会积极配合，使双方的交谈变成真正的交流。在紧张或死气沉沉的气氛中，人们常常会有窒息感，当然不会有好的交谈。另外，我们不仅要重视谈话气氛，而且还要善于制造有利于谈话的气氛。要知道，尽管气氛是参与谈话的许多人心理的情感的汇合，但其中的权威人士，如领导者的心理和情感，对气氛的形成有很大影响。如果我们领会了权威人士

97

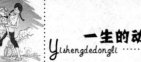

的心理和情感。那么，我们就可以影响其他人。

在了解了谈话对象的心理和情感之后，还应该尽量使说话者与听者保持一致。如果对方对你讲的内容不满意，你就应该换一个话题；如果对方心里很烦乱，你就应该先安慰他，然后再转入正题……这样，你就不仅把他的注意力吸引过来，而且还能使谈话的气氛变得和谐、融洽。如果双方不一致，你谈你的问题，他想他的心事，谈话还会有什么效果呢？

最后要说明的一点是，我们在同别人谈话时，还应根据听者的心理，及时调整自己的心理和情感，应注意自己的神态、说话的声调和措辞，要使别人一见到你就愿意同你

谈话，乐于听你谈话。这样，才能使双方达到交流的目的，符合二者的共同利益。

我们在前面曾提出过七个成功信念，其中之一是：任何事情的出现都具有一定式的目的。你可以利用它来为你的目标服务。你的所有交流，不论是与自己的交流，还是与别人的交流，都应该遵循这条成功信念，也就是说，你通过交流获得一种反馈，而不是所谓的失败。你在玩拼图游戏时，如果其中有一块用得不合适，你会认为失败了而不玩了吗？当然不会。你会把这种结果看成是一种反馈，你会拿另一块看起来更合适的拼图去拼。你在交流过程中也应该遵循这一成功信念，这样去做。

# 第六章　情感协调——
## 开发成功能力之源

情感协调是一个人与他人共事的必要条件,也是一个人所具有的最重要的交流技巧之一。对于任何人来说,和别人建立了契合,任何事情都会变得更容易、更单纯、更令人心绪明快。

在生活中,无论你想做什么、看什么、创造什么或要体验什么,不管是精神上的自我实现或是物质上的充分成功,都会有一些人能帮助你既速快且容易地达到目标。

当你想象自己可能拥有的能力和成就时,你可能刚开始会觉得这跟别人毫无关系,你靠的只是自己的才智、努力和潜力而已。可是,这想法错了。你的成就几乎和别人的努力密不可分。别人都是你功成名就所需的辅助物。因为,他们也为这计划贡献出自己的才智和能力。举例来说,5 个人合力去从事一项计划,要比一个人去做的成功率大。同样的,5 个水手要比一个人更能拉紧绳子。所以个人的成功与他人密不可分,我们都是在与他人相互协调运作中,达致成功的。请你回想一下与你在各方面心有灵犀的人,这个人可能是你的朋友,可能是你的恋人,可能是你的某个家庭成员,也可能是你偶然碰到的什么人,想一想,是什么使你和他那么投缘。

你可能会发现,对一部电影或一本书,你们有着共同的感受和看法,对生活的体验也有着共同的认识。但,你可能没有注意到,或许你们的呼吸方式、谈话方式也相同,或许你们有着相似的背景和信念,这些都是你们融洽相处的共同基础。这种共同基础就是——情感协调。情感协调就是进入他人世界,使之感到你们相互了解,你们有着很多的共同点。这是双方成功交流的基础。

情感协调是一个人与他人共事的必要条件,也是一个人所具有的最重要的交流技巧之一。对于任何人来说,和别人建立了契合,任何事情都会变得更容易、更单纯、更令人心绪明快。

在生活中,无论你想干什么、看什么、创造什么或要体验什么,不管是精神上的自我实现或是物质上的充分成功,都会有一些人能帮助你既快且易地达到目标。他们知道怎样做才能使你快速地获得成效。这些人就在你身边,要想谋取这些人的帮助,就要实现与他们的情感协调,唯有借助你的契合能力,才能把他们凝聚在你的周围,使你的事业达到成功。

我们常常说的"道不同不相与谋",指出了由于想法、追求不同,人们往往不能走在一起,实际上,人们之间的各种问题都是由于他们之间的某些差异所引起的。中东的问题是什么?犹太人和阿拉伯人的宗教信仰不同、法律不同、语言不同,他们之间的差异不胜枚举。美国的黑人和白人之间问题何在?他们的矛盾也在于他们之间的差异——不同肤色、不同文化、不同风俗习惯,大量的差异就可能产生意识和行为的混乱。而相似则会趋于协调,这是历史经验的证明。在世界范围内,整个人类都是如此。

考察任何两个人之间的关系,你将发现,结成他们之间感情纽带的关键就是他们的共同之处。他们做同一件事情或许方式不同,但是共性首先使他们走到一起。想一想你所喜欢的人,你欣赏他的原因是什么?不正是他身上所具有的与你相同的东西吗?你不会认为:哇,这个家伙事事跟我唱反调,我真喜欢他。你只会想:这个家伙真精明,他处处都和我一样。反过来再看看你不赞成的人,他会是一个和你相像的人吗?你难道会认为:上帝,他和我的思维方式一样,真是个令人讨厌的人?

这是否意味着永远无法打破这种怪圈:差异导致冲突,冲突扩大了差异,差异更加剧了冲突?当然不是这样,因为每种形态中都既有差异,也有共性。美国的黑人和白人差异很大,但他们也有共同之处。不是吗?他们都分为男人女人,都有兄弟姐妹,都有畏惧心和凌云志。如果你想达到和谐一致,就不能只盯住差异之处;如果你想沟通顺利,就不能只以自己为基点。如果你能掌握正确的情感协调技巧,你便能和他人建立契合,你们就能不分彼此,全力以赴。

## 建立强大人际关系的能力

情感协调是与他人交流的重要工具。记得我们在前面已经谈过，别人是你最重要的力量源泉，而情感协调就是你开发这种力量源泉的最佳手段。在你的生活中，无论你需要什么，只要你能发展与他人的情感协调，满足他人的需要，他们就会满足你。

在如同美国广告界代名词的麦迪逊大道上，"注重个人需求"已经成为当地的金科玉律及拿手绝活。不信的话，各位不妨留意一下有关新车的广告便会发现，广告中介绍汽车引擎性能等的说明只占极小的篇幅。因为如今大部分的消费者，购买汽车的心态，不是追求压缩比例为多少或具备哪些高科技的性能，而是买一种感觉、一种形象、一种身心地位的象征。于是，广告撰稿人便企图掌握这种感觉，并且满足这种欲望。有一句广告词："这可不是你父亲的欧兹莫比车（Oldsmobile）。"正说明了这款车系诉求的对象，正是年青一代的消费者，以及那些一向认为欧兹车系专属老年人用车的客户。美国电话即电讯公司（A4&4）也有一段类似的广告词："温情传递，近在咫尺。"这是一种十分个人化的诉求，让每个人都能通过电话向远方的亲人传递思念。此外，百事可乐也有一句年轻人耳熟能详的广告词："你选对了，朋友，啊哈（You got the right one. Baby uh-huh）"。这句话乍看之下，好像并没有告诉消费者百事可乐与可口可乐在口味上有何差异，但是整个广告的风格与品味，却与时下年轻人追求的感觉契合。所以广告推出后不久，年轻人就一个个都朗朗上口了。

这些是商家通过广告满足消费者心理需要，而消费者反过来又回来满足商家销售需要的例子，通过情感协调使有生命的人与无生命的产品结合起来，这就是情感协调的魔力。

## 怎样创造情感协调

我们已经知道创造情感协调，达到双方契合的重要性，那么，我们怎样创造情感协调呢？创造情感协调，就是创造和揭示你与他人的共同之处，我们称这一过程为"镜现"。有很多方式可以寻找与他人的共同之处，从而进入情感协调。你可以通过共同的兴趣——如文娱活动等，也可以通过同一类型的朋友或熟人，还可以通过信仰等。通过这些共同点，就能发现和发展双方的

101

102

共通之处。所有这些都是通过语言进行交流的。进行情感协调的一般方式就是交换彼此的信息。不过，研究表明，双方之间的交流只有7%是通过词语实现的，38%是通过声调实现的。我记得当我还是个孩子的时候，我的母亲常常以某种声调提高嗓门喊我的名字。这一声所喊出的不仅仅是我的名字，它包含了许多内在的内容。人们交流的大部分，其中约55%是通过面部表情和肢体语言实现的，一个人的面部表情、手势、姿态和举止比他的语言提供的信息更多。这就是像班尼·黑尔这样的人站起来攻击你、威吓你，却只能使你发笑的原因，这并不是词语本身的力量，而是他的表演——他的动作和形体——使你有这种感觉。

所以，我们进行情感协调不能仅仅通过语言来表达，情感协调最好的方式之一是通过共同的生理状况来进行交流。伟大的催眠师米尔顿·埃里克森医生就是这样，他十分善于"镜现"别人的呼吸方式、姿势、音色和手势。通过这样的行为，他能在几分钟里同别人进行完全的情感协调，同他素昧平生的人也会毫无疑问地信任他。要是你能通过语言感染他人，那么把语言和生理状况结合起来，将获得更不可思议的成功。

我们都知道"同类相聚"的原理，一旦你成功地进行了情感协调，获得了他人的认同，你就会对他产生极大的吸引力，你们之间就会实现良好的互动。因为这种思维是无意识的，所以它就更具成效。不知不觉中，你们就会意识到这种联结力。

## ❈ 镜现的先决条件

如果你要成为镜现他人的高手，就必须成为一个良好的聆听者和观察者，这样你就会更接近事情的本质。

有一个故事说：多年前，一个年轻人到西盟办公室应征发报员的工作，当年所有的信息传递还是靠摩斯密码，即用双手噼里啪啦地敲打传送。至于这个年轻人，虽然没有电报方面的工作经验，但是自修过课程后也懂摩斯密码。不过，当他被人领进一间大厅内时，他的心却立刻凉了一半，因为房间内早已坐满了其他的应征者，每个人都在忙着填写应征表格。当他才坐下不久，就听到背后有一阵敲打的声音，于是这个年轻人便暂时停下手上的填写工作用心聆听。然后，就见他匆匆忙忙起身冲到附近的办公室里去。几分钟之后，有一名工作人员走出来，并且告诉其他的应征者可以回家，因为这份工作已经有人得到了。然而，这个年轻人到底是怎么得到这份工作的呢？原来他当时听到的敲打声正是电报接收器的声音，这段密码翻译过来是："如果你听得懂这个信息，请到办公室来，你被录取了。"

懂得聆听的技巧，就可以获得以下几点好处：

· 可以从聆听中学到东西。

· 仔细听人说话时，就显示出对于对方的谈话感兴趣。

· 聆听他人，可以得知对方的需要、想法及动机。

· 可以积极地参与沟通。

· 可以澄清误解。

再来看一个观察的例子。

很久以前的一天，在美国北弗吉尼亚州，一位老人站在河边等候过河。当时天气很冷，又没有桥，他只好想办法跟别人共骑一匹马才能到达对岸。等待一段时间后，他终于看到一群骑马的人过来了。他等第1个通过，然后第2个、第3个、第4个以及第5个也顺利通过。最后，仅剩下一个骑马的人了。他来到近前的时候，老人看看他，并说："先生，你能不能让我跟你一起骑马过河呢？"

骑马的人不假思索地说："当然可以，请上来吧？"过河之后，老人就下了马。离去以前，这位骑马的人问："先生，我注意到你让所有其他骑马的人通过，而没有要求他们。但是当我来到你面前时，你立刻要求跟我一起骑马。我不解的是，你为什么不要求他们却要求我呢？"老人很平静地回答道："我看了他们的眼睛就了解他们并没有爱，因而我自己心中知道'要求同他们共骑一马过河是没有用的'。可是我一看到你的眼神，我看到了同情、爱与乐于帮助，我知道你会愿意让我跟你一起骑马过河的。"

这位骑马的人非常谦卑地说："我很感谢你所说的话，非常感谢。"托马斯·杰斐逊就这样转身离开，后来他入主了白宫。

有人曾说，我们的眼睛是我们的灵魂之窗，一个人的眼睛是他内心最真实的写照。在这个特殊的故事里，老人便很正确地一一阅读了它们。

## ✦ 眼耳并用

如果只用耳朵聆听还不够，还可能会漏掉某些信息。重要的沟通并非完全透过语言进行，所以细心的人在听他人说话的同时，也会用眼睛注意地看。观察对方情绪的反应，尤其留心看对方的脸，因为脸本身就是一个重要的沟通频道，透过

103

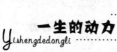

脸上的表情可以知道说话的人是"认真的"、"开玩笑的"、"很难过地说话"或"很高兴地告诉你"等不同的信息。此外，其他一些非语言的信号也值得我们注意，比如：

·揉擦一双眼睛 当对方说"我猜你是对的"，可是说的同时却在揉眼睛，通常是暗指他的内心并不完全同意。

·轻踏足尖 当说话的人一边陈述事情，脚尖又一边轻点地面时，表示对自己所说的话并没有充分的信心。譬如，一个推销员保证说："我们可以在6周内送货。"但他的脚趾或膝盖却不停抖动时，你最好对他的保证打个折扣，多估计几星期比较保险。

·搓揉手指 如果说话的人把大拇指和食指搓来搓去，通常表示这个人有所隐瞒。此时不妨再多问几个问题试探一下。

·瞪视并且眨眼 如果自己提出了最优惠的条件，对方还是瞪着天花板，眼睛眨个不停，表示他正在考虑你的提议，不妨给对方多一点时间下决定。如果你听到对方深呼吸并且还叹了一口气，就表示对方已经做出了决定。

·假笑 莎士比亚曾经说过："人可以微笑，但笑容却可能是来者不善。"真诚的笑容大都应轻松对称地扩展开来，而且表情都是一闪而过，

若是一个微笑明显停留在脸上好一阵子，而且又极不自然，那么这个笑容极有可能是个假笑，对方所说的话也可能并不诚恳。

·眼神闪烁 避免眼神的接触，除了说明一个人缺乏信心之外，也可能表示这个人不诚恳。因为一般人在扯谎时，都不太敢看对方的眼睛。不过，当自己靠眼神判断一个人时，要注意文化的差异，因为有时在某些地方盯着他人的眼睛看，反而是一种不礼貌的行为。

## 镜现他人的秘诀

既然镜现他人对达成沟通，实现互动有着如此重要的意义，那么怎样才能做到镜现他人呢？你可以镜现别人什么样的生理特征呢？首先，镜现他的声音，反映他的音色和措词，他的音调、节奏、音量。那么姿势、呼吸方式、眼神、身体语言、面部表情、手势及其他特殊生理动作又如何反映呢？其实，生理状况的任何方面——从抬脚的方式到摇头的样子都可以反映。

如果你镜现别人，你知道会产生怎样的结果吗？在英文中"like"这个单词既是喜欢的意思，又是相似的意思，可见人们是喜欢跟自己相似的人，由此可知镜现的重要。他会觉得他好像找到了自己的情

人，找到了一个完全理解他，能了解他内心世界的人，一个同他一样的人。但要同一个人发展协调的情感，不一定要镜现他的一切方面。如果你能从使用共同的语言或相同的面部表情着手，你就能学会同任何人建立可靠的亲密关系。

不知你是否记得在关于生理状态一章中的模仿试验。一个人模仿他人的生理状况时，他不但能够体验到同被模仿者一样的状态，而且还能得到同样的内心体验，甚至于思想。试问，如果你能把这种方法运用得驾轻就熟会有什么结果？假如你是个很在行的模仿者，你能知道其他人在想些什么，那会怎么样呢？我毫不犹豫地相信你会有"知己知彼，百战不殆"的感觉。镜现是一门技巧，应当在实践中掌握，因此，你可以现在就开始利用它来达到你的目的。

镜现别人的生理状况有两个具体的要素——敏锐的观察和灵活的变通。你可以做一个试验，再另选一个人来做。其中一人作为镜现者，另一人作为引导者，引导者在一两分钟里尽可能多地进行生理状况的变换，例如变换面部表情、姿势和呼吸方式等等。这个试验如果能和孩子们一起做，他们肯定喜欢。每当引导者做完一次生理状态的变换，都要将镜现者的镜现程度做一

次记录。做完以后，比较一下记录，看看你镜现他人的程度如何。所谓熟能生巧，你完全可以成为一个优秀的镜现者。经过多次实践后，你就会不必刻意地考虑如何去反映别人的生理状况，你会很自然地镜现你周围的人的生理状况，当你能做到这种地步时，你就离成功越来越近了。

对镜现产生影响的因素多种多样。但最根本的是我们在"了解策略"一章里所接触到的那些东西：三个基本的感觉系统，即视觉系统、听觉系统和触觉系统。每个人都会使用这三个感觉系统，但是你知道，正如社会学中所讲的偏好一样，我们对其中某个系统也总有偏好。你要是想进一步简化和别人发展情感协调的过程，以迅速实现沟通，那么你就需要发现对方最常用的感觉系统。

如果行为和生理状况是由一些偶然的因素所触发的，那么，你就得努力地去把其中每一个线索都汇集起来，感觉系统就像一把密码锁上的钥匙，可以给你很多提示。

罗宾举了一个例子：一幢房子莅临僻静安谧的街巷，几乎每日每时你都能出来散步，流连在鸟语花香的世界里，你会觉得就像亲临小说中描写的意境中一样，踏着夕阳，你漫步在花坛旁，听着鸟儿歌唱，微风拂过柔枝，飘荡在屋前廊下，枝叶

105

沙沙作响。

另一幢房子则别有韵味，你一看到它就觉得赏心悦目，从那长长的白色回廊，到那粉刷精致的桃色墙壁，房间里洋溢着明媚的光亮，你会感觉到由心而发的舒适。你看个不够，从那盘旋式楼梯到那精雕细镂的栎木门窗，你能看到房里房外的每个角落，总会有某些事物让你感动，例如门前的台阶下一些散乱的果皮，还有台阶上半张被坐皱的报纸。

第三幢房子不易描述，你只有自己去体验，它的构造坚固牢靠，房间特别温暖，给你一种安全感，坐在屋里，你会觉得就像在进行蒸汽浴一样怡然自得。

这三个例子所谈的实际上是同一幢房子。只不过描述的角度并不相同。第一幢房子是从听觉角度，第二幢是从视觉角度，第三幢是从触觉角度来描述的。因为每个人的偏好都不同，所以他们观察同一幢房子后的感受也将会不同，他们可能会发动不同的感觉系统，结果就会有不同的描述方式。通过每个人的描述，你就能确定他所偏重的感觉系统。但不要忘记，一般人有可能同时使用这三种系统。交流的最基本方式就是迎合对方的这三种系统而把重点放在他最敏感的一种系统上。

## 情感协调的诀窍

我们已经知道，镜现是情感协调中的自然过程，可以进入无意识的层面中。因此，我们学习的进行情感协调的秘诀，就是要使我们能随心所欲地与任何人甚至是陌生人进行情感协调，最终达到契合，使我们能得到他人的帮助而最终实现我们的目标。有人说镜现是在受人操纵，因为这种过程要以他人的生理状况为"蓝本"，实际上，我们所说的镜现过程，并不是要你失去自我，而是以最大的弹性，把我们人类共有的相似生理状态给呈现出来。

镜现别人，不必放弃自己的个性，而是要去体验他人的感受，你并不是只用视觉系统或只用听觉系统或只用触觉系统，你应该努力变得灵活些。镜现只不过是创造彼此生理状况上的共性。你在镜现他人时，能从他的感受、体验和思想中受益。这是一种强烈的、美好的、能与他人共享世界的体验。

许多事业的成功无不是群体内部成员的相互镜现，达致契合的结果，而大多数功绩卓著的领导者，其三大感觉系统敏感度都很高。我们通常都信任那些在这三个方面都对我们有感染力，并能使我们有协调情感的人——他们人格的各个部分

106

都能传递同一种信号。我们以1984年的总统大选为例，你认为从年纪上看罗纳德·里根是一个具有吸引力的人吗？他的声调和谈吐的风度能吸引你吗？他能用爱国主义的情感使你情绪激动吗？很多人——甚至那些与他政见不合的人——都会对这三个问题给予一个明确的答复："是的。"难怪人们都称他是一个伟大的沟通高手。现在想一想里根的竞争对手沃尔特·蒙代尔，他看起来是一个具有吸引力的人吗？安东尼·罗宾在研究班里问这个问题时，能得到20%的肯定回答就很意外了。他的声调、举止吸引人吗？只有很少的人才这样认为。甚至一些肯定蒙代尔很多其他方面的人都回避这个问题。他能用爱国主义的情感使你情绪激动吗？安东尼·罗宾问这个问题时常会招来一阵哈哈大笑。这是他不敌里根的原因之一，也是里根能以破竹之势在竞选中脱颖而出的主要原因。

看一看那些功成名就的人，他们往往都是具有创造情感协调的天才。这些在三个系统上都具有灵活性和吸引力的人，能够对无数的人产生影响。你也能做到这一点，无论是作为一个教师、商人或是作为一个政治家，你不需要任何天资就能做到这一点。只要你能看、能听、能感觉，你就能与你愿交往的任何人进行交往并实现良好的沟通。关键是你要从别人身上寻找到那些你能尽量自然地、顺利地镜现的东西，也就是说你能够对他人进行的体验。要是你镜现的人是一个身体残疾者或是一个痉挛病人，对方将会认为你在嘲弄他而对你充满敌意，你的镜现目的也会适得其反。

你只要不断地实践，就能进入任何你与之交往的人的内心世界。这将成为你的第二天性，你会常常无意识地这样做，当你开始有效地镜现他人时，你将意识到，这并不只是使你同别人进行情感协调和了解别人。如果你能和某人建立协调的情感，要不了多久你就能改变他的行为，使他适应你而达到双方的契合。

安东尼为我们讲述了这样一次亲身体验："几年前，我的营养品商行在伯菲尼山区同一位有名的医生建立了业务联系。有一次我们遇到了一点麻烦，他要立刻就一个计划做出决定，而除了我之外无人能做这个决定。但我当时不在城里，他很不高兴，不情愿地尽量压住火气等着我。最后我见到他时，他正气怒气冲天。

"当时的气氛很严肃并且有点紧张，他僵直地坐在办公室里，神情冷漠，我坐在他对面，采取同样的姿势，并开始模仿他的呼吸节奏。他

107

说话很快,我也照样说快些,他用一种奇特的手势,挥舞着右臂,划着圈子,我当然也使我的右臂尽量运动起来。

"只过了一会儿,情况就有所改变,我们开始融洽相处了。为什么?因为通过镜现他的生理状况,我们建立了协调的情感。又过一会儿,我开始试探着引导他,首先我放慢了说话的速度,他也慢了下来;然后,我向后靠在沙发背上,他也这样做了。你看,起初是我镜现他,但现在我就能引导他来模仿我了,最后,他请我外出吃午饭,我欣然答应。我们在餐桌旁仿佛是一对亲密无间的伙伴。就是这个人,在我刚进门时还对我有敌对情绪呢,这就是说,你不一定要求有一个理想的镜现场合,你需要的是使你的行为适应别人的行为的技巧以实现双方的契合就行了。"

罗宾对这个人所做的一切可称为"并进"和"引导",并进是一种高级的模仿,像别人一样用某种音调说话,像他一样运用某种手势,当你获得镜现他人的技巧时,你就能改变你的生理状况和行为而适应对方。情感协调不是一成不变的,也不是放在桌面上随手可取的物品。它是一个动态的、易变的、灵活的过程。正像建立一个真正和谐、持久的关系的关键是改变和调整自己以

适应他人的行为一样,并进的关键也就是准确地改变自己的行为以适应他人。当你熟练掌握这种技巧时,别人一改变他的神情举止,你就会自然而然地随之改变。

引导紧随着并进。当你和他人建立了情感协调时,你就创造了一种可以感觉到的联系。与并进一样,引导就自然而然地出现了。这时你便成了引导者,你就是改变而不是镜现对方了。这时你们的情感是如此协调,以致你的行为发生了变化,对方也会不自觉地随之变化。你或许有过这样的体验,晚上和朋友在一起时,你根本不困,但朋友打呵欠,你也会跟着打呵欠。精明的推销员都会这样做。他们深入到他人的内心世界,实现与他人的情感协调,然后借助这种协调去引导顾客的心理和行为。

我们在进行情感协调的时候,往往会碰到这样的问题:倘使别人在狂怒时怎样办?你去模仿他那种可笑的样子吗?下章将讨论怎样去打破别人的行为方式,以及如何迅速地做到通过镜现他人的某种偏激表现,以使你放松的时候,他也缓和下来。请记住,情感协调并不意味着只是你的微笑,而是意味着通过你的回应而达到共鸣。

108

##  关键在灵活性

我们一再强调情感协调，那么建立情感协调的关键是什么呢？答案是灵活性，即要有弹性，情感协调的最大障碍是认为别人都应和你一样，认为他们应和你的看法一致，观点相同，而一流的沟通者则很少犯这样的错误。他们知道他们要改变其语言、音调、呼吸频率、手势等等，才能实现他们的沟通目标。

当你和他人的沟通失败时，你一定认为对方不可救药，冥顽不灵。但究其原因，有可能是你的镜现不得要领。因此，你应设法改变自己的表达方式和态度，以适应他人。

镜现的一个重要的原则是：交流的意义在于你引导对方做出响应。在交流中，对方能否响应完全取决于你，即你在同他人交流时所要传递的信息及对方的接受程度在于你表达的技巧。如果你要说服某人做某事，而他做的是另一件事，过失则在于你没有找到传达信息的最佳方式。

不论你做什么事情，都要切记这一点。让我们看一看今天的学校，教育的最大悲剧，那就是很多教师只关心自己的教程，而完全不关心他们的学生的所思所想。他们不知道怎样让学生接受和消化所得到的信息，不知道学生的感觉系统如何运作，不知道学生内在的心理活动。

而谙熟学生心理的老师知道怎样进行并进和引导。他们知道如何能同学生建立起情感协调以达到契合和共鸣，从而能够把自己的信息传送出去。当教师们学会和学生进行情感协调，学会以学生能接受的方式传送信息时，教育现状就会发生彻底的改变。

情感协调的奇妙之处还在于：它是容易学会的技巧，你不需要教科书，不需要课程，不需要去请教名家，也不需要去获取什么学位。你需要的工具仅是你的眼睛、你的耳朵、你的触觉、味觉和嗅觉。

你现在就可以开始培养与他人的情感协调了。人们总是互相交流和互相影响着。情感协调是使双方受益的最简单、最有效的方式。等候飞机时，你能通过它与同航班的旅伴进行交往，在食品杂货店里，你能运用它，在工作中、生活中也能够运用它。如果你在应聘工作，接受考察时，与考官进行情感协调，他将会立刻喜欢你；在商业中运用情感协调，你可以立刻和顾客建立起融洽关系。如果你想成为一个善于交际的人，你所要做的就是深知怎样进入他人的内心世界。现在你已经基本掌握了这样做的技巧。

# 第七章　控制他人的力量

安东尼·罗宾认为最吸引人的信息、最有见识的思想、最明智的论断，除非接受者在感情和理智上都能加以理解，否则毫无意义。

解"内机制"是一个人处理信息的关键，是帮助人们确定怎样建立内部感觉系统、如何引导他们的行为的内在模式工具。

110

如果你想了解人类千差万别的反应，较佳的一种方式是同时面对许多人讲话。你将会注意到，正如我们前面所讲述的对同一座房子有不同的描述方式一样，对同样的事情不同的人也会有不同的反应。当你讲个浪漫的悲剧故事时，有的人会感动得流泪，有的人却无动于衷；你讲个自认为十分有趣的笑话时，有的人会笑得前仰后合，而有的人却可能表情冷漠。要知道，每个人都在用各自不同的精神语言听你讲话。

为什么人们对完全相同的信息，会有各种不同的反应？为什么一个人看到一只杯子是半空的，而另一个人却看到杯子是半满的？为什么一个人听到

某个消息后感到兴奋、受到激励，而另一个人听到同样的消息却毫无反应？安东尼·罗宾认为最吸引人的信息、最有见识的思想、最明智的论断，除非接受者在感情和理智上都能加以理解，否则毫无意义。如果你想成为一个交际能手，那么无论在事业上或是在生活中，你都要学会怎样去发现正确的基调。

## 决定行为模式的内机制

发现正确基调的关键是了解"内机制"，它是一个人处理信息的

关键,是帮助人们确定怎样建立内部感觉系统,如何引导他们的行为的内在模式的工具。它是决定我们对什么关心,对什么不关心的一种内在程序。

我们可以把大脑处理信息的方式比喻成计算机,因为它能收集大量数据并组成一个人能感知的结构。如果没有提供完成特定任务的结构软件,计算机就什么也做不了。在我们的大脑中,内机制就是提供完成特定任务的结构软件。它引导我们注意什么或忽略什么,告诉我们怎样去感受体验。它为我们提供了一个决定对某事是否感兴趣的基础,根据这样的基础,我们还能决定某事对我们有好处还是有威胁。同计算机进行对话,我们必须了解它的软件,而同一个人有效地交流,我们则必须了解他的内机制。

人们都有一定的行为模式,也有通过组织体验来促进行为的模式。只要了解了这些内在模式,你就可以传达你的信息。不管处在什么情况下,人们对于了解事情和组织思维都会有固定结构,由此形成了较为稳定的认知。

接下来的小节我们将介绍人的内机制的几种分类。

## ❧ 趋向与规避

罗宾认为人类行为的目的不外

乎两个:获得欢乐,避开痛苦。你扔掉燃着的火柴是为了免受烧手的痛楚,你坐下来观赏美丽的夕阳是因为你从这满天彩霞中得到了乐趣。

这种机制经常出现在父母对孩子的教导中,父母可能对孩子说:"好好学习,将来考一个好大学,学MBA,成为一个百万富翁。"这是教孩子建立一个趋向式的内机制。他们也可能会说:"小子,如果你不好好学,就会一辈子受穷,像隔壁的迈克一样?"这是教孩子建立一种规避式的内机制。

## ❧ 外参照与内参照

当你询问某人,他怎样才能知道自己把工作做好了。对一些人来说,这是由外部标准来衡量的。老板的抚背赞许、得到提升、获得奖品、工作引起了同事的注意和称赞。当得到这些外部认可时,他就认为他的工作做得好。这就是重视外参照的表现。

然而对另一些人来说,他们则重视自我的内心感受,他从内心觉得工作做得好,他就会满足。他有能力设计一座能获取建筑奖的建筑物,但要是他感觉不到它,即使再多的外部认可也不能使他相信这一点。反过来,即使他做的工作受到老板或同事的批评,但只要他自己

111

认为它好，他就会相信自己的认知而不相信他人的判断。这就是重视内参照的表现。

如果你想说服某人去参加一个研讨会，你对他说："这个研讨会真是棒极了，你去了一定不会后悔，我和朋友们都去了，我们都觉得度过了一段美好的时光。这个研讨会真是令人难忘，大家都说这个会丰富了我们的生活，增长了我们的见识。"如果你劝说的对象是个外参照型的人，你很可能说服他。因为大家都这样认为，他常常就会估计或许真是这样而产生从众心理。

如果你的劝说对象是个内参照型的人，恐怕你要想通过别人如何认为来劝服他，则不会那么容易。别人怎么看对他来说并不重要。你只能通过提出一些他所熟悉和容易接受的东西来说服他，譬如你可以告诉他："还记得你去年听过的那一系列讲座吗？你曾说过那是你有生以来所体验到的最有意义的一次经历。我觉得这次研讨会或许可以和那次媲美。如果你去了，你可能会发现又有了一次同样的体验。"结果会如何呢？他肯定会去，因为你是以他自己的感觉来劝说他，而他自己的亲身感受则使他极易接受你的建议。

## ❧ 自我与利他

这是指一些人从自身方面来考虑人类间最基本的相互作用，这是自我型的人；而有些人则从他们能为自己和别人做些什么来考虑这些相互作用，这是利他型的人。人们不可能两者兼顾，即你或者属于自我型，或者属于利他型。如果你从自身出发，你就是一个利己主义者；如果你是后者，那么你将是一个殉道者或往往为公益事业而献身的人。

安东尼·罗宾认为在服务业，比如航空公司，很明显应该雇佣那些利他型的人。但如果雇佣编辑，你也许应该找一个自我型的人。你能有多少时间去应付那些工作能力很强，但情绪很坏的人给你带来的麻烦呢？比如一个自我型的医生，他可能是一个才华横溢的医学专家，但除非你觉得他关心你，否则他就不会给人留下好印象。事实上，这种人做一个研究人员也许比做一个医生要合适。使每个人的性格与他的工作性质相符是世界范围内的难题，但如果人们知道如何评价求职者的内机制类型，那么这个难题就会迎刃而解。

一个人的行为、语言、处世方式都会表现出他的内机制，因此，发现一个人的倾向是什么并不困难。要

112

确定一个人是利他型还是自我型，只要看看他对别人关注的程度，他是倾身向前，满脸充满着关心别人在讲什么的表情呢？还是身往后仰，心不在焉，对别人说的话毫无反应？可能在某些情况下，人们理应以自我为重，如果以此判断他是自我型的人并不准确，关键是应以人的惯常行为，来判断他的所属类型。

## 求同与求异

用下面三个图形来判断区分这两种类型的人。请看下面这些图形，你怎样描述它们？

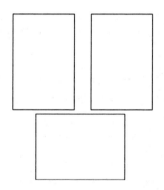

你可能以多种方式来回答它们之间的联系。你可以说它们都是矩形；可以说它们都有四条边；也可以说两个图形是竖直的，一个是水平的；或说两个是直立的，一个是平躺的；还可以说一个图形与另外两个图形没有确切的同一关系；或说一个是不同的，而另外两个是相似的。

类似的描述还有很多。这是怎么回事呢？都是对这些同样的图形的描述，为什么却不是同样的答案？这就是求同者和求异者之间的差异。这种内机制决定了你怎样去学习、了解事物。有些人对世界的反映是找出同一性，他们观察事物，发现其共性，这些人就是求同者。求同者看到上边的图形，他们可能会说："噢，它们都是矩形。"另一种求同者找出同一性，同时也找出差异性。他看那些图形时可能会说："它们都是矩形，可一个平躺着而另外两个是直立的。"

另外一些人是完全的求异者。这种人也分两类：一种人观察世界，找出事物的差异。他们看到那些图形可能会说："它们全然不同，彼此之间没有什么联系，它们一点儿也不相似。"另外一种求异者发现事物之间的差异，同时也找出例外。他与那些既发现同一性又找出差异性的求同者正好相反——他首先看到的是事物之间的差异，然后才看到事物之间的共性。

判断一个人是求同者或是求异者，你可以问他怎样看待某些事物、某些情况之间的联系，注意他的着眼点是事物之间的相似之处还是不同之处，从而做判断。

罗宾认为求异者属于少数，观察表明，大约有 35% 的人属于求异

113

型？如果你是个求异者，也许会认为这种观察太不精确？然而，求异者是极有价值的人，因为他们能看到某些人看不到的东西或差异。求异者一般都不是充满浪漫色彩、易于激动的人，很多时候，当他们变得激动时，他们往往力图寻找一种方法使自己平静下来。但他们敏锐的观察分析、冷峻的判断批评对于解决许多问题都是非常重要的，对某些企业来讲，这些求异者也往往总能提出眼光独到的新创意或新见解。

认识求同者和求异者之间的差别非常重要。如果有一种需要年复一年不断重复的工作，你愿意雇一个求异者吗？当然不，你会愿意雇一个求同者——因为他的这种内机制使他乐于做这样的工作，无论你要他干多久。如果有一种灵活性很强或需要不断变化的工作，你能雇一个求同者吗，显然不能，求异者会更好地适应这一工作。求同者和求异者之间的差异对于了解什么人喜欢什么样的工作非常重要，也为人尽其才提供了依据。

求同者和求异者是否能愉快地生活在一起呢？罗宾认为当然可以——只要他们互相理解，即当出现分歧时，他们应认识到对方并没有错，只是他们对事情的见解和描述的角度不同。不一定非要双方各方面都完全相似才能建立密切关系，你只需要牢记着双方在观察事物上的差异，并且学会彼此尊重、彼此欣赏，就能实现双方的和睦相处。

## ❧ 相信与追求的内机制

这类内机制表现为如何使某人相信某事。罗宾提出使某人相信某事的说服策略分两步走，要使某人相信某事，首先必须找出使其信服所必需的感知因素，然后必须弄清他怎样接受这些感知因素的刺激才会相信。要了解某人的信服内机制，你可以这样问他："你怎样才能知道别人擅长某一工作？你是要：①看着他们做这项工作呢？②听别人来说他们做得如何如何好呢？③亲自和他们一起干一起体验呢？还是④了解他们的能力呢？"答案或许是上述某几个方面的综合。也许他要看到一个人工作很努力或别人告诉他这个人不错，他才会相信这个人确实不错。接下来你还可以问："当有人证明某人很不错时，你怎样才会相信这一点？"这可能也有四种答案：①立即相信。例如，一旦某人证明自己擅长做某事，你就会相信他。②要多次证明才相信？两次或更多。③要过一段时间才相信？几个星期、一个月或一年。

114

④要不断证明才会相信。最后这种情况,别人必须每时每刻都证实自己不错,他才会相信这一点。

此外,还有一个内机制表现为求新或是求稳。问某人他为什么要为目前这家公司做事,或问他为什么要买他现在正在使用的汽车、正住着的房子?有些人这样做主要是受需要的促动,而不是受愿望的激励。他们做某事是因为他们必须做,当他们需要一个新的工作、一座新房子、一辆新汽车,甚至一个新配偶时,他们就出去寻找,只要找到就接受下来。另一种人则喜欢追求新奇。他们根据自己的愿望和兴趣而不是根据实际需要来决定自己的行为,寻求新的选择、新的体验、新的道路。求稳的人对已知的和有把握的事情才感兴趣,求新的人对未知的事物和新鲜的事情较有兴趣,希望从中寻找到快乐和新的契机。

## ❧ 如何鉴别他人的内机制

了解了罗宾对人们内机制的分类后,你可以练习一下如何了解人们的内机制。你可以向某人提如下的问题:你需要什么?房子、汽车或工作?你怎么知道你在某件事情上是否成功了?你这个月正在做的事情和你上个月做的事情之间有什么联系?要别人如何证明你才会相信某事是真实的?把你觉得惬意的一次工作经历告诉我,并且说说为什么它让你不能忘怀。

你提的这些问题引起了他的注意吗?他对这些问题很感兴趣,还是心不在焉?这只是一种能成功地了解我们所讨论的内机制问题的方法。如果你不能一次就了解到你需要的信息,你可以多尝试几次。

回忆一下你曾经碰到过的交流难题。你或许会发现:了解一个人的内机制有助于你调整交流方式,以实现你的沟通目标。想一想你在生活中遭到的挫折——你爱某人,可他却感觉不到你的爱;你为某人工作,可他总是惹你生气;或者你想帮助某人,可他却没有一点反应。消除这些障碍的方法是了解操纵他们这一切的内机制,了解你自己在做些什么,对方又在做些什么。例如,在你的爱情生活中,你只要对方向你证明一次他爱你,你就会相信,而你的恋人却需要你不断地向他证明这一点;又如,你提出一个看起来和其他事情较相似的计划,而你的上司却执意地要了解它们之间的差异性;或者你试图警告某人应该回避某事,可他偏偏对那件事感兴趣。

115

如果你运用的方式不对，那么传达的信息也会出错。经理和其雇员相处，父母和其孩子相处，都会遇到这样的难题，其原因往往是我们中的许多人不能敏锐地认识别人的基本内机制。如果你不能把你的信息传达给别人，你就需要改变交流方式，使其更加具有灵活性、针对性，适应对方的内机制。

罗宾认为当你同时运用几种内机制的表现方式时，往往能最有效地与人交流。他曾经和一位合作过的人在一件事情上发生了分歧。在争论过程中，他了解到，那位合作者属于规避型的人，一个求异者，有着内参照系，而且除了自己所见所闻，他不相信任何事。安东尼试着同时用这几种内机制的表现方式同他交谈，深入到他的内心世界。最后，双方的意见达到了一致。

也许过去，当别人的行为方式与你相悖时，你常会觉得有挫折感，而现在你就应了解到这是因为不同的人有着不同的内机制和不同的思维模式而觉得释然。

我们应当了解每一种鉴别内机制的原则。最重要的一点是要记住，不要拘泥于你的感觉、意识和想象，那样会影响你对别人的内机制的了解。在任何事情上，成功的关键之一就是要有随时做出新的鉴别，并能够随机应变的能力。内机制给了你一个在决定怎样和人相处时用来做出鉴别的工具。你不要受这里讨论过的各种内机制的限制，而要成为一个求新的人。你要不断测定，注意你周围的人们，注意他们理解世界的特殊模式，并试着分析其他人是否也有类似的模式。这样，你就能发展出一整套鉴别他人的方法——它们使你知道怎样有效地同各种类型的人进行沟通，达到良好的交流。

## 🌸 如何改善你的内机制

安东尼·罗宾还指出，内机制的另一个任务是提供一种平衡方式。我们总是遵循着这种或那种策略来驱动内机制进行运作。对于某些内机制，我们可以稍稍倾向一方面，对于另外一些内机制，我们可以只用一种策略而不用其他的方式。但任何一种动用内机制的策略都不是一成不变的。正像你能随意做出自己的决定一样，你可以选择运用那些能帮助你而不是妨碍你的内机制。内机制的功能就是告诉你应该选择什么。例如，如果你是个趋向型的人，你就要消除规避性的东西；如果你是个规避型的人，你就要消除那些能使你产生趋向性的东西。

你自己的行为终究是你的，不能用自己的行为来迷惑你自己，或在他人身上犯同样的错误。你也许会说："我了解约翰。他做这个，还有那个。"其实，你并不真的了解约翰，你通过他的行为了解他，但他的行为并不是你的行为。

每个人都有选择自己的内机制的自由，这就是说你不必永远处于某一种极端。如果你是个倾向于规避任何事物的人，或许这就是你的行为模式；如果你不喜欢这种行为模式，你可以改变它，事实上，你没有理由不改变它，因为你现在已具有这种能力了。唯一的问题是：你是否能充分地灵活地运用你所学到的东西。

你已经了解了内机制的种种类型，因此你在必要的情况之下就可以对其做些改变。罗宾认为改变内机制有两种方法，一是凭借有效的感知方式——看。如果你看到你的父母属于规避型而不能充分发挥潜能，就有可能对你是属于趋向型或是规避型产生影响；如果你因求稳的性格而错过一个能得到好工作的机会——因为这家公司正在寻找求新型的人，你可能因此会受到震动而改变你的性格模式；如果你是趋向型而被事物浮华的外表所蒙蔽，就有可能促使你开始考虑重新选择下一步的行为方式。

改变内机制的另一种方法是有意识地决定怎样去做。很多人从不考虑自己所运用的内机制，因此也就更不去考虑改变它。在这种情况下，要改变内机制，第一步要学会识别，确切地意识到我们目前正在为改变内机制提供新的选择机会。假定你有强烈的规避倾向，你会如何感觉？确实，有些事情你需要规避。如果把你的手放在一块烧红的铁块上，你会立刻离开它。但是，难道没有你确实需要趋向的事物吗？趋向性难道不是你有意识地控制事物的一部分吗？伟大的领袖人物和卓有成就的人难道不都是更具有趋向型的人吗？因此，你或许应该把眼界放开阔一点，去考虑所有对你有吸引力的事物，然后慢慢地走向趋向型。

内机制的运用不仅仅局限于个人，你可以在一个更高的层次上来思考内机制，作为一个民族，有内机制吗？噢，它有行为，不是吗？因此，民族也有内机制。它多次的集体行为中会形成一种模式，并且建立在它们领袖人物的内机制的基础上。

安东尼·罗宾强调内机制有两个方面的价值。首先，它可以作为指导我们与他人交流的工具。正像一个人的生理状况可以使你了解到有关他的无数故事一样，他的内机

117

制也能准确无误地告诉你什么能促动他，什么会震惊他。其次，它可以作为一个人改变自己行为的工具。记住，你并不等同于你的行为，如果你的行为不利于你要达到的目的，那么，只要改变你的行为模式就行。内机制为你进行自我调节和行为模式的改变提供了一个最有用的工具，并且为我们有效地运用交流技巧找到了秘诀。

## ❧ 培养灵活性

在前面的叙述中，你已经了解了如何镜现别人，如何了解人们取得巨大成就的行为模式，如何引导控制自己命运的行为，并且知道你不必通过摸索来选择你的行为——你可以通过学习控制自己大脑的最有效方法，完全把握自己的命运。

然而，在你同别人打交道的时候，你也需要进行一定程度的摸索、尝试。因为你无法像控制自己那样迅速、明确、有效地引导别人的行为。如果你想要获得成功，关键是学会怎样加速这个引导过程。你可以通过发展情感协调、理解内机制来达致你的目标。

本书的前半部的精髓可浓缩为一个词，那就是"模仿"，模仿成功者的处世方式对你迅速实现你预期的目标非常重要。而这本书的后半部

同样可以用另一个词来概括，那就是"灵活性"，也就是一流的沟通者所共有的东西——不断灵活地改变自己的行为直至获得预期的结果。有效交流的唯一方法就是，一开始就表现出一种谦卑的意识和希望改变的愿望。你不能处处以我为主地进行交流，也不能硬性地强迫他人接受你的观点，你只能凭不断的、积极的灵活性与人交流。

安东尼·罗宾认为，灵活性不是天生就有的。我们许多人都墨守成规地遵循同一种行为模式，还有些人深信自己对某些事物的看法是正确的。这里罗宾将向你介绍改变交流方式的技巧。著名诗人威廉·布莱克把那些不愿改变自己交流方式的人描述为："绝不改变交流模式的人将会发现自己同样处在危险的沼泽地中。"在任何一个系统里，能最大限度地进行选择、最具灵活性的机构，其效率也将最大。人也是这样，生活的关键就是要尽可能多地尝试各种可能性。如果你只遵循一种模式，用一种策略，那么，你的工作效率就会像一辆永远都是匀速行驶的汽车一样，你的生活也将是一成不变而没有新意。

罗宾举了一个例子，他曾看见一个朋友试图说服旅店里的一个接待员，允许她结账后在她的房间里待几小时后再离去。她的丈夫在滑

雪中因故受伤，她想让丈夫好好地休息一下，然后再走。那个接待员有礼貌但固执地陈述她不可能这么做的全部理由，罗宾的朋友用心地倾听着，然后不断提出令人信服的相反的理由。

她先是用女性的魅力，随后又提出合乎逻辑的、无可辩驳的理由来说服这个接待员。整个过程中没有争执，没有大吵大闹。她只是坚持追求她所希望的结果。最后，那个接待员苦笑着对她说："太太，我想你赢了。"她是怎样如愿以偿的呢？就是因为她极灵活地不断改变自己的行为和措辞，直至接待员不再反对她。

大多数人都把处理争执看做是一种类似语言拳击赛的活动，你的语言要像打斗中的出拳一样稳、准、狠，直到对方无还手之力或应声倒地。而实际上，这不是处理争执的最有效方法。还有些有效得多的模式，就像东方武术中的太极拳一样，目的不是正面迎接对方向你发过来的力，而是用"四两拨千斤"的技巧改变它的方向。出色的沟通者往往更精于此道。

在交流中，双方的抵触情绪往往是由于死板、固执的交流方式引起的。出色的交流者不是一味反对对方的观点，因为他清楚那样会使双方的争执加剧，他灵活、机智地去了解产生抵触的原因，找出双方的共同之处，以此将自己同对方在某方面上的统一之处联结起来，然后把交流引向他希望的方向。

## ❧ 优秀者如何做

有句话说"祸从口出"，有些话语在交流中会使对方产生抵触情绪，我们一定要避免这一点。注意措辞的准确和效果正是优秀的领导者和交流者之所以能成功的关键所在。本杰明·富兰克林在其自传中这样描述他建立完善关系的策略："我形成了谦恭地表示自己观点的习惯，当我提出有可能引起争论的问题时，从不用'当然'、'无疑'或任何显得自负的字眼，而是说'我这么理解'，或'我想事情是这样'，这种陈述习惯对我反复陈述自己的意见，或让人信服我的观点很有益处。"

富兰克林的方法很有效：避免使用能引起争议的词，使人对自己的提议不产生任何抵触。有些词，我们常常使用，然而殊不知，这些词有极大的消极作用，例如"但是"这个词。如果某人说："确实如此，但是……"那他在表达些什么呢？他在说那不是真的。"但是"这个词可以表示把前边的话进行了全盘的否定。如果某人对你说同意你的看

119

法,而后面又来了个"但是……"你会作何感想呢?如果你用"还有"这个词代替"但是",其结果会怎样呢?如果你说"那是真的,此外还有……",或"那是一个有趣的想法,还可以从另一个方面来考虑",会怎么样呢?这两种情况,都表明你同意对方的话,你创造了一个改变方向的方法,将对方引向你的话题,而没有引起抵触。

记住,这世上没有永远顽固到底的交流者,只有不够灵活的交流者。正像有些词和词组能自动地激发人的抵触情绪或状态一样,同样有些话语能开启对方的心门,使你们进行良好的沟通。

如果有一种交流技巧,既能准确表达你的想法,又不会同别人发生争执,也不会在任何程度上损害你的诚实,那会怎么样呢?你此刻一定特别想了解这种技巧。这里安东尼·罗宾为我们介绍了一种这样的技巧,它叫做"一致结构"。它包括三个词组,你可以在任何交流中使用它,一方面对你与之交流的人表示尊重,保持和他的情感协调,让他相信你的感受,同时不会在任何方面与他的意见相对立。

这三个词组是:

"我欣赏,而且……"

"我重视,而且……"

"我同意,而且……"

罗宾认为,在任何一种情况下,你都应从三个方面努力:你应该通过进入另一个人的世界,让他知道你准确地了解了他的意思,而不是用"但是"或"可是"激怒他,来同他进行情感协调;你要创造一种能把你们联系在一起的"一致结构";你应该改变你们交流的方向,而不要引起对方的抵触情绪。

例如,如果某人对你说:"你绝对错了。"而你面红耳赤地反驳说:"不,我没错。"那你们还能继续进行情感协调吗?当然不能。你们之间将会产生争论,产生抵触。为了避免这种情况的出现,你可以换个方式说:"我重视你对这件事的看法,而且,我想,如果你听听我的想法,或许会有不同的感受。"注意,你不必赞同这个人的看法,但你可以表示欣赏、重视或同意他的感受。因为,如果你处在同样的生理状况下,如果你有同样的洞察力和同样的内机制,你可能会有相同的感受。

你应该尊重别人的看法,许多时候,对某一问题持相反意见的两个人,都不能欣赏对方的观点,因此,就不能倾听对方的意见,但是,如果你使用"一致结构",你会发现自己能更好地倾听别人在说些什么,并且找到欣赏对方的新途径。假设你正和某人讨论核问题,他赞成扩大核武器,而你主张冻结核武器。你们俩或许都会把对方视为自己的对手,可是你们的目的或许是一致的——为了自己和家人的安全,以及整个世界的和平。这样,如果对方说:"解决核问题的唯一方法就是用核武器攻击那些危险的国家。"你不必同他争论,你可以说:"我确实欣赏你的观点,而且,我还觉得,要达到这一目的,可能有比用核武器攻击对方更好的方法。比如……"当你以这样的方式同他进行交流时对方就会感到你是尊重他的,他感到你在倾听他的意见。于是,他就不会对你产生抵触情绪。没有抵触,你们之间的情感协调就有继续下去的可能。这种方式适用于任何人——无论对方说什么,你都能找出可欣赏、重视和同意的东西,这样,你们之间的交流就可以顺利进行。

在罗宾的研讨班上,他做过一个简单的小实验,其结果应引起重视。他让两个对某问题持不同见解的人争论,但不许使用"但是"一词,也不要试图否定另一个人的观点。结果,他们学到了更多关于有效交流的技巧,因为他们能欣赏别人的观点,而不是感到必须击败别人的观点,他们可以从两人之间的差异寻求双方的共性而求得意见的一致。

罗宾强调在交流中要寻求双方的共同点,然后把交流引向你所希望的方向。那样你会发现,技巧性的方式能更有效地达到你的目的。并且,通过公正地评价对方的观点,能使你的观点更丰富,更正确,从而对你有更大的助益。

## 🔱 寻求一致

大多数人常把讨论视为一个争输赢的比赛,总是以为自己是正确的,而对方是错误的。一方垄断真理,而另一方则处于完全谬误之中。而罗宾发现,通过找出一个"一致结构"的方式,你能学到更多的东西,以便迅速地达到你预期的目的。还有另一个值得一试的练习,就是和别人争论你不相信的某件事,你将会为你提出的新的观点感到吃惊。

我们都知道很难让人去做他不愿做的事,而让他做他愿做的事则很容易。你可以通过创造一个"一致结构",通过自然而然地引导而不是通过冲突来达到这一目的。有效交流的关键是想办法使人们做他想做的事,而不是做他被强迫做的事。

本章所叙述的思想,也许和我们大多数人所受的教导相悖——一致比征服更利于你说服别人。我们生活在一个充满竞争的社会,这个社会十分重视输赢结果,它强调人类生活中时时存在着对立。记得几年前的一则香烟广告传递了这样一

121

种信息："我宁愿战斗也不愿改变。"他们画了一个人,骄傲地显示一只黑眼睛,好像在说,不管什么东西,都在他的征服之列。

而罗宾这里告诉我们,竞争模式的作用是很有限的。他强调情感协调的魔力,以及它在个人力量中的重要地位。如果你视某人为一个竞争对手,要去征服他,你肯定会从"反对一致"着手。而罗宾使我们明白,要说服别人,让别人相信你,不应从争执入手,而应从一致的方面着眼,学会迎合并加以引导。当然,说比做容易,但通过不断地、有意识的努力,我们定会改变我们的交流模式,实现同别人的契合。

协调的关键是灵活性,如果你遇到麻烦,无从下手,而一遍又一遍地用同样的方法去尝试是不会使你找到出路的。如果你灵活地去改变、适应、尝试一些新方式,问题就会迎刃而解。如果你足够灵活,能创造更多的选择途径,你的可发展空间就会更加广阔,成功便会指日可待。

# 第八章　重新构造你的感知力

世界上的事物本来没有什么固定的含义，没有什么是一成不变的，你对事物的感觉如何，以及你所理解的生活的真谛，完全取决于你的感知。

人可以通过改变思想，进而改变生活。如果你能真切地体会其中的奥妙，重新构造也就是重新看待你的世界，你的世界将随着你思想的改变而改变。

在不同的情境中，不同的事物总会有不同的意义。我们拿脚步声为例，假如我问你："脚步声意味着什么？"你或许回答："这对我来说并不意味着什么呀。"让我们想一想，如果你穿过一条繁华的大街，喧闹嘈杂的噪音使你根本听不见那纷乱的脚步声，它们自然也不会有什么意义。但假如在深更半夜，你独自一人坐在客厅里，突然清楚地听到了门外的脚步声慢慢地接近，而在你的家门口停住时呢？这时的脚步声难道没有什么意义吗？它们切切实实在响呀。这种同样的脚步声，要根据你过去的经验来加以辨别，并决定你对此会产生轻松或恐惧的念头。你可以从这声音里分辨出是否你的家人回来了；而有过匪徒闯入的经验的人会把它想成一次新的入侵。这就是说，生活中任何经验的含义都取决于我们长期经历的积累而形成一定的框框——我们称之为"构造"。如果你改变了这种构造，那么，这一经验的全部意义都会随之改变。人的最有效的工具之一就是学会怎样凭借经验来建立这最好的构造，这一过程被称为"重新构造"。

 重新构造的含义

以下是在一张纸片上画着的图形,你看到了什么?

你可能回答"是一顶帽子的侧面"、"一个怪物"、"一支下指的箭头",等等。请你换个角度看看,你能不能看出"FL9"这个词? 你看出来了,因为这种例子在智力测验题或其他产品推销项目及图案制作上常常被使用。你以前所形成的构造可以使你看到如帽子侧面、怪物、下指的箭头等等,也可以帮助你立即认出 FL9 这个词。如果第一反应是前者,或许是因为你惯常的感性构造使你注意了黑字部分。用这样长期形成的构造来理解现在这个图形,你是很难看出 FL9 这个词的。事实上,你可以认为 FL9 这个词是用白漆写在黑墙上的。你必须能够重新构造你的感知才会看出来。生活正是如此,有很多方法能让我们积极地理解我们面临的重大问题——只要你不囿于已有的感知模式。

世界上的事物本来没有什么固定的含义,没有什么是一成不变的,你对事物的感觉如何,以及你所理解的生活的真谛,完全取决于你的感知。一个信号的意义全靠我们的构造对它的理解。比如,头痛对你来说是很不幸的,可对于医药商来说却是一大好事;你家的玻璃碎了给你带来了不便,而安装工人或许正心中暗喜。人们倾向于依靠过去的经验来感知任何事物。在很多情况下,如果改变这些惯常的感知模式,我们就能在生活中有更多的选择。重要的是要记住,感知是创造力。这就是说,我们应时时把理解作为一种责任,然后才能思考一切。如果我们改变自己的参照系,对同样的形势能以不同的观点看待,我们就能改变我们生活的方式,就能改变对任何事物的感知,就能改变我们的态度和行为。这就是"重新构造"的含义。

根据我们以往的经验来理解世界,还是相当重要的,但实际上,对于任何情况都可以用多种方式去观察和体验。倒卖球票的人可以被看成一个蒙骗他人的可耻者,也可以

被看成是给那些买不到票或不愿排队的人带来方便的人。成功的关键，就是恰如其分地表述经验，以使你为自己或他人获得尽可能大的收益。

##  改变感知的两种类型

罗宾认为，在我们的生活中必然有某种情况的出现使你要调整自己的感知。他指出重新构造的最简单的形式是通过改变参照系来变否定状态为肯定状态，并以此解释所获得的体验。改变我们感知的重新构造类型主要有两种：条件重新构造和内容重新构造。

罗宾为条件重新构造所下的定义是指一个看起来似乎是坏的、混乱的、不合要求的事物，放在另一种条件下却是一个好的、有益的事物。这种情况在童话故事中不乏列举，鲁道夫的鼻子曾是大众取笑的对象，但在一个风雪交加的黑夜，他的鼻子却发挥了异乎寻常的作用而使他成为一个英雄。丑小鸭最初因与别的鸭子不同而屡遭冷遇，而当它成为一只美丽的白天鹅后却受到别人的称赞和羡慕。

许多伟大的事物在被发现利用之前曾屡遭抨击。例如：石油曾被认为会毁坏耕地、妨碍农作物生长的物质，但今天离了它世界的正常运转就会被打破，足见它的价值已得到了公认。多年前，木材场对处理大量的废木屑深感头痛，有一个人就收集了这一废物，并决定在另一条件下给予使用。他用胶水及黏合剂把木屑挤压在一起，制成了被称为"密度板"的板子。他在订立从木材场运走这些无价值的废屑合同后两年时间里，建立了一个数百万资产的大企业，而他的主要生产原料不用花一分钱。一个成功人士就应该具有开发、转换新的丰富资源的才干。换句话说，也就是一个重新构造的能手。

内容重新构造，是指在完全相同的情况下，改变事物本身的含义。例如，你说你的儿子总是滔滔不绝地说话，永远不住口。通过内容重新构造后，你就会说他一定是个聪明伶俐的孩子，因为他的脑中总是装着那么多的事。这儿有一个很有意思的故事。据说一位深谙重新构造之道的将军，在他的部队受到敌人大势攻击后而撤离时说道："我们不是退却，我们是向着另一条战线开进。"

内容重新构造的另一种形式是从实质上改变你看、听和感知事物的方式。假如某人的话使你感到尴尬，你可以想象他说的话就像一位

125

你所钟爱的诗人朗诵诗作一样；或者你从自己的头脑里映现出以前听过的使你更尴尬的话，这一次说得尚为委婉些呢；或者你可以觉得说这话的人，从一定角度看更显得低下。

重新构造就是通过分辨内在的矛盾冲突而改变人的内部想象，即把一个同样的反应改变含义，并把它与状态和行为联系起来，从而使你进入更有策略的境界。

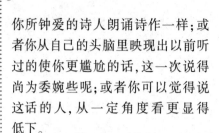

## 你怎样想，世界就怎样

126

人可以通过改变思想，进而改变生活。你的头脑是个非常神奇的机器，当它以某种方式推理时，会使你勇往直前迈向成功；以另一种不同的方式推理时，则会使你彻底失败。如果你能够真切地体会其中的奥妙，重建构造也就是重新看待你的世界，你的世界将随着你思想的改变而改变。

罗宾引述了《巴尔的摩的阳光》这本刊物中的一篇感人至深的文章，题目是《视力异常的孩子》，以此来说明人的意识的重要。文章讲述了一位名叫卡尔文·斯坦利的少年，能骑车、打球，也能上学，能与其他同龄孩子一样做所有的事情——除了眼睛看不见。

当许多同他一样的人在失明之后意志消沉，放弃了生活的希望时，卡尔文为什么能做这些事情呢？阅读了这篇文章，你将会很清楚地意识到，卡尔文的妈妈是一个卓越的重新构造者。她将卡尔文的所有体验——这些被其他人看做是"限制"的体验——都向着益处转变。让他按照自己美好的想象去体验生活。

卡尔文的妈妈从来没有忘记她的儿子问她为什么他是盲人的那一天。她叙述道："我向儿子解释说，他生下来就是这样的，而不是什么人的罪过。他问：'为什么偏偏是我呢？'我回答说：'我不知道，卡尔文，也许上帝给你安排了一个特殊的生活计划。'我把儿子拥在胸前，告诉他：'你看，卡尔文，你可以用手代替眼睛。要记住，没有什么事你干不成。'"

一天，卡尔文非常悲伤，因为他认识到自己永远看不到亲爱的妈妈的面容了。但斯坦利夫人知道该怎样开导她的孩子。她说："卡尔文，你能看见我，你能用你的手抚摸我，用你听到我的声音来'看'我，你能比其他有眼睛的人更多地告诉我你所'看'到的我的一切。"这个有个好妈妈的卡尔文，他的内心世界并不黑暗，而是非常丰富多彩的，他在这个世界里充满信心地生活着。卡尔文立志成为一个计算机程序设计员，有朝一日为盲人设计一种可"视"的程序。

我们需要更多的像斯坦利夫人一样能有效运用重新构造技巧的人。你应该能在新的认识上重新构造新的体验。对于任何一种体验都有多种多样的含义。成功的关键在于寻找对任何体验都最有用的构造体系。这样你就能使这种体验为你所用，而不是来妨碍你。

## 🔱 积极的态度是成功的催化剂

生活态度是人的性格的温度控制器。如果基础温度设定得较高，等于使自己的性格变得温暖活泼，富有灵活性；反之，则性格会变得冷漠而偏执。

人生的方向是由"态度"来决定的，其好坏足以影响我们正确地砌筑人生。因为态度是一个温控器，所以可以调整，把它设定在自己理想的刻度上。如果不能依照自己的想法去做，就是基础设定得不够理想的缘故。

温控器调整得不好，就会产生异状，这一点必须注意。

一个人的态度可以使人在生活中遭遇困难，也可事事顺遂。幸好，消极的态度是可医治的，它并非先天的遗传，也非不治之症。这种后天的缺点，可以由人们自己来设法纠正。只要能抛弃消极的态度，采取积极的生活态度，就会感到周遭的事物和自己的境遇有很大的改变。

能在自然科学、社会科学或艺术等方面有所成就的人，都是积极的态度使然。因为态度积极而获得成功的例子不胜枚举，从伽利略到爱迪生、牛顿，从爱因斯坦、富尔敦到亨利·福特等都是。他们都能不畏艰难，和种种困境周旋到底，这种积极的态度，终于使他们名留青史。有什么体验你不能改变？有哪些行为你改变不了？重新构造是你能改变你的体验的有力方式之一。它会使你在任何时候都能随机应变。

127

以下是罗宾列举的几种人在困境中常常遭遇的情况，请依你自己的心像给予重新构造：

1.我的老板总是训斥我。

2.我今年要比去年多付4000美元的所得税。

3.我们今年没有余钱去买圣诞礼物。

4.每次我将要完成一件工作时，总有些东西会使我破坏掉它。

下面是一些可能的重新构造回答：

1a.这可能是老板想告诉你他对你的真实想法，本来他是可以解雇你的。

2a. 太妙了,你今年的收入一定比去年多。

3a. 好极了,这将使你更有独创性地制作出令人难忘的、比买的更精美的礼物,你的礼物一定会惹人喜爱。

4a. 这说明你认识到了过去性格中的偏激,现在你能指出来,就一定能改变它。

重新构造对于认知自我和与人沟通往往具有决定性的作用。从狭义上说,它教会了我们一种看待和分析事物的新方法;从广义上来说,它是沟通中一个最有效的工具。你能想到的某些成就,无论是做广告或是参加政治活动,都是重新构造的结果——改变人们的感知,以使他们不同的感觉和行为都能适应新的事物。

## 进行自我重新构造

当你利用重新构造使自己与他人的沟通更顺畅时,你也应该掌握同自我交流的方式。你需要进行自我重新构造,以使一切体验更好地为你服务。这很简单,只要你意识到这一点就够了。

人在某次冒险失败后会变得胆小怕事。他遭到了伤害,他为此耿耿于怀,过去的失败折磨着他,他难

以游离于失败之外,陷入痛苦的深渊中不能自拔。而失败是成功之母,错误是体验成功的一个组成部分。想到这一点,你就应认识到你或许从错误中学到了其他任何事情中要多得多的东西。因此,你应该改变旧的构造,要看到欢乐、看到收获、看到发展,然后才能摆脱消极的构造而在将来的交流中取得进展。

如果要你花点时间考虑一下你生活中充满情趣的三件事情。你能用多少种方式来看待这种种事情?能用多少种构造来概括它们?你能看出它们之间的不同吗?你怎样去应付这些不同?

还记得我们前面讨论过的交流/分离吗?重新构造自己的先决条件之一,就是从令人悲伤沮丧的经历中分离出来,并从新的角度看待自己的经历,给予正确的总结和分析,然后你才能改变你的内部想象和生理状况。如果你处于困境,现在你可以以正确的心态挣脱出来。如果你遇到了不能使自己达到目标的构造,你就去改变这种构造而适应你的行为和努力。

## 主宰你的心灵

我们的思想能随我们的心态而变,时而愉快,时而恐惧。

人们情愿让盗贼来偷窃自己的

珍宝、劫夺自己的金钱,但绝不可允许那快乐和幸福的仇敌——不和谐的思想、病弱的思想、恐惧的思想、妒忌的思想——进入自己的脑海,劫夺自己的快乐和幸福。

主宰人们思想的是心灵。心灵有了思想,然后才有事实。那心灵上的意象,常常刻画在人们的生活中、品格上、整个身体中的组织上,并且时刻在那里把这许多意象变为生活。

一生的价值,在于我们能否保持身心的和谐,能否驱逐破坏我们心境的仇敌。

众所周知,乐观的思想会使人健康,使人保持旺盛的精力而永不懈怠。它好似电光一样,能使人的全身都会感受到,能给予人们新的希望。

在一个人的思想里,若是充满着困难、恐惧、怀疑、绝望、忧虑,它的整个生活就要受到很大的影响。若能始终具有乐观向上的思想,那么蒙蔽人心灵的种种阴霾,就可被驱逐尽了。

一个保持正确态度的人,能用希望来代替绝望,用刚毅来代替胆怯,用决断来代替犹豫。一个能用友爱的思想、乐观的思想,来击退妨碍他成功的仇敌的人,同那些沮丧、失望、犹豫的人相比,他的人生将会充满阳光?

不论做什么,都不要让病弱和不和谐的思想,进入自己的大脑里。

倘使人人都像孩子们一样,没有一点创伤、伤痛,保持着天真、快乐的思想,那么就可以免除外界对身心的伤害。许多例子证明,在数小时中因忧虑悲伤所耗的精力,竟多于几个星期做苦工所费的精力?

要除去思想的仇敌,必须要持久地努力。做任何事情,如果不下苦功夫,不下决心,就不能成功,何况消除那深藏在思想里的仇敌呢?

乐观会驱逐悲观,愉快会驱逐失望,希望会驱逐沮丧。每个人都要让爱的阳光,充满自己的思想。这样,一切仇恨嫉妒的思想,都会烟消云散,因为这许多黑暗的影子,不能存在于爱的阳光里。

不要让思想的仇敌侵入自己的脑海里。要这样对自己说:"每一个仇恨、凶暴、沮丧、自私的思想,进入我的脑海,都会夺去我的快乐,减弱我的才能,阻挡我前进。我必须立刻用好的思想,来把它们驱逐。"

脑海中充满着美好的思想、高尚的思想、友爱的思想、真实的思想、和谐的思想,那一切不良的思想,自然都会消失。在同一个时候,不会有两个相对抗的思想,并存在一个人的脑海中。真实的思想能消灭错误的思想,和谐的思想能消灭不和谐的思想,善良的思想能消灭丑恶的思想。

待他人以友爱、温柔、仁慈、和气,会激发人的情感,给人以健康,使人与大自然相协调。

孩提时赤着脚在乡间行走,会小心翼翼地不去踏在尖锐的石子上,以免擦伤自己的脚底。要驱除那些仇恨、嫉妒、自私等心灵上的仇敌,必须真诚地欢迎心灵上的好友。

## 改变自我经验和行为的含义

罗宾在前面向我们介绍了改变感知的两种类型,在此,他又提出了重新构造的两种方式。他认为重新构造的方式之一就是,通过改变一种经验或行为的含义来进行重新构造。假设在你不能像别人一样做什么事的情况下,而你又认为他的行为具有一种特殊的意义,这样就要对这一行为的含义进行重新构造。在这里罗宾举了一对夫妇的例子,丈夫特别喜欢烹饪,而对他来说最重要的是他的烹饪得到赞赏,而他的妻子却在就餐时安静如常。丈夫就觉得尴尬,认为妻子如果欣赏他做的食物,就应该有所表示,而她不言不语,一定是不满意他的烹饪。你能重新构造他对他妻子的表现的

理解吗?

罗宾解释说,对这位丈夫来说受到欣赏是最重要的。欣赏对某个人来说是最重要的东西,就应该在他还没有考虑到这一点时,就用某种方式表达出来。可他认为他妻子没有任何表示,怎么办?在这里,我们就要重新构造他的理解力。我们建议他应该这样来分析——或许妻子正在欣赏自己的烹饪,以致她不愿花费时间去谈论。这种想法是不是更好一些呢?

另一种可能是重新构造他自己的行为的含义。我们可以问这位丈夫:"有时候你自己在享用美餐时,不是也并没有对妻子表示赞美吗?现在她不是和你一样吗?"或许他的妻子的行为正是对他以前的行为的同种反应。这样看来,她现在这样做是她希望改变丈夫这种行为。

## 改变你不喜欢的行为

罗宾提出重新构造的第二种方式是改变你不喜欢的行为,将你原先的惯常行为应用于其他事物之中。对它进行重新构造的方式就是,想象它在另一种情况或场合下或许对你做别的什么事情是有用的。

你可以试着做一些对你所讨厌

的行为重新构造的练习。例如,你劳累一天回到家里,却无法得到安静,因为你满脑子在想着今天你的上司交给你的一个令你讨厌的工作项目,而你又不能拒绝,无可奈何地带着它回家来了。你和妻子孩子们一起看电视,可你的脑中一直在想着这件事情,想着你那讨厌的上司和他的这个同样讨厌的项目。

你可以试着去重新构造,从烦恼中解脱出来,像以前一样使自己度过一个愉快的周末。你可以这样做:给你的上司画一幅滑稽的肖像,给他加一幅可笑的眼镜和两撇小胡子,想象着他用一种可怜巴巴的语气请求你的帮助。经过这样一番虚构后,或许你就会感到他的温和可爱,或许你就能意识到他的压力,或许他也有不得已的苦衷,以致直到最后下班时才交给你这项工作。这是一种设身处地的从他人角度出发的思考方式。

你需要很好地处理这样的问题而不是被困扰所纠缠。用这种"精神胜利法"会扫除你心中的消极阴影。这样做几次后,下次见到你的上司,你总会想起你私下里将他描绘成的那种样子。你也可能会完全改变自己的态度,使你们在今后的交往中,相互间的关系变得和谐。

## 重新武装你自己

重新构造甚至可以完全改变一个人的生活。你可以通过适当的重新构造,来逐渐而彻底地达到你所希望的状态。

重新构造能够用于排除对几乎任何事物的否定感。最有效的技巧之一,就是将自己看做一个旁观者,将自己所有的麻烦"编排"成一部电影。首先,你想象着正在快速放映,像放动画片一样;然后,你想象着正在倒着放,画面变得十分滑稽可笑。试着用这种方式进行重新构造,过不了多久,你将发现,你所遇到的困扰,在无形之中已不像以前那样缠着你了。

罗宾指出同样的方式还能够消除恐惧感,恐惧感常常植根于人的心中,因此你需要花更长的时间以便有效地进行重新构造。他认为恐惧反应是很强烈的,以致某些人想到一些事情就会感到恐惧。对于这一类型的人,重新构造的方式是把他们从多次感觉到的、令之恐惧的状态中分离出来,罗宾将其称之为双重分离。例如,如果你对某事有强烈的恐惧感,请试着做下面的练习:首先回忆那次令你恐惧的经历,然后想象自己坐在一个安全性能极高的防护罩里。一旦有了这样的安

131

全感，你就开始走进你所想象的精神上的影院，你想象着自己坐在舒适的座位上准备看电影。接着，你想象着你的灵魂飞出躯体，飞进了放映室，只有那一层防护罩环绕着坐在座位上的你，而你的灵魂则在放映室里俯视着坐在观众席上、正在等着电影开始的你。

你想象着屏幕上出现了一幅幅画面，那正是你所经历过的，只要你一想起来就充满恐惧感的事。但此刻，你一定要把自己看成一名旁观者，你要像真正地看一场与己无关的电影那样看待它。看了一会儿，你就会感到这些影像所表现的这些令人恐惧或烦恼的事物都是假的，只不过像一部低劣的影片一样索然无味。

看完之后，你一定会长出一口气，实际上，有很多方式可以改变这种体验。到了这时候，你已经扫除了这些恐惧的观念，你可以通过这种重新构造帮助你去应付这些悲惧。现在以至将来，你今天所掌握的这种重新构造的方式都将武装你，你不再需要忍受这种恐惧或烦恼的痛苦了，你比以前更加机智果敢，你从此将不再感到恐惧或烦恼。

这是一个效果很好的试验。罗宾可以在几分钟里就能使陷入烦恼的人解脱出来。这是为什么呢？因为陷入恐惧或烦恼需要特殊的感觉

系统，如果你能把握住这种感觉系统并改变它，你就能改变这种恼人的体验。

罗宾指出，对于一些人，这些试验很大部分要依靠他们以前不易领会到的精神法则和想象力。作为结果，他所指示给你的一些精神策略可能使你开始时感到不便，无论怎样，如果你能使这种方式谙熟在胸，你就能很快利用这种方式使你摆脱恐惧的困扰。

因为所有人类的行为都是具有某些目的的，重新构造也是一样。比如你吸烟，你不进行重新构造是因为你喜欢这种让你的情绪放松、缓和的方式。你进行重新构造是因为你切实感受到了吸烟的危害——如咳嗽、肺病等。你采用这种行为方式会给你带来一定的收获。有时候人们试图用电休克疗法来戒烟，这并不是个好办法，因为电击会使你产生许多副作用。因此罗宾强调我们要使用一些主观自愿的方式，通过重新构造使你发现未知的目的，进而能更完善地满足你的要求。

## 重新构造的程序

罗宾在这里引述了理查·班德勒和约翰·格林德设计的一个变讨厌行为为受欢迎行为的6级重新构造程序。

1.确定你希望改变的模式或行为。

2.与你尚未觉察到的、引发这一行为的思想建立联系。

3.把意图和行为分离开来。

4.对行为进行取舍以满足意图。

5.确认所要接受的新行为。

6.进行检验,加强贯彻实施新行为的决心。

如果你头脑中出现了反对你的新选择的信号,你就必须从头开始,查明哪个部分在反对,它的反对抵制是否正确,它给了你哪些有益的启示等等。

这实际上是一种自我交流的方式,听起来似乎是不可思议的。但这是由像埃里克森博士、班德勒博士和格林德博士等人所发明的、相当有用的一种基本的催眠方式。

罗宾还举了一个浅显易懂的例子以助我们进行理解。例如,你发现自己一直进食过多,你可能做一个能促使你产生新行为的重新构造,或者可能察觉你需要改变这种行为。你可以询问这一行为过去曾给你带来的好处,或许你会发现进食多是为了避免自己感到孤独,或者它能帮助你产生一种安全感并使你感到轻松。接下来你可以去寻找新的行为来代替它,或许你会加入一个健康俱乐部,以便和人交往,以此来增加安全感和冲淡郁闷,从而获得对将来生活的信心,并通过交往感到这比你独自大吃大喝更加安全和轻松。

一旦你做出了新的选择,就要看它是否合适——即你的全身心是否都乐于支持你在将来使用这种新行为,并是否能保证始终如一。如果你确信能够做到,这些新行为将会满足你的要求,使你达到放松精神的效果。

## 由消极向积极转变

也许你曾有许多令你感到痛苦、不堪回首的往事,但你不必觉得耿耿于怀,你可以运用你的感知力将那些确实存在的否定体验重新构造成积极的和建设性的体验。

要记住,你可以重新构造任何人的感觉系统。但如果一个人从旧行为中比从他发展的新行为中能得到更多的利益,他或许会重新回复到旧行为上去。罗宾认识一位患有不可解释的脚部麻痹的妇女,她在身心感到疲惫时总会犯病,而她了解了病因和防治方法后,这病就再没犯过。但当她回到家里,如果享受不到患病时的待遇,这病就会重犯——例如,以前她丈夫正在洗盘子时,一看到她犯病,就扔下手里的活跑过来帮她按摩,等等。而她不犯病了,他自然很高兴,不仅不帮她

133

按摩了，还要她去洗盘子。这使她似乎失去了关心。不久，她的问题又出现了。她并不是有意识的，但在无意中，旧行为符合她的要求——她的脚又麻痹了。在这种情况下，她必须进行重新构造，寻找像她丈夫给予她的同样体验的行为。她必须找到胜于旧行为的新行为才能解决问题。

罗宾还举了另一位学习班上的学员的行为的例子，她是一位盲了8年的妇女，但看起来干什么都非常内行和精力集中。后来安东尼发现她并非全盲。这种情况是怎么出现的呢？原来，她是在幼时一次事故中损伤视力的。当时，亲友们围绕在她身旁，给予她大量的爱和支持，比她未盲时体验的还多。因为人们把她当做盲人，对她总是格外优待。这样，她形成了这种习惯，以至于连自己都认为是个盲人了。她没有发现更有力的获取人们理解和爱的方式，这种行为只有在她遇到比此更有益处的事情时才能改变。

罗宾一直尽力探讨把人们的体验由消极变为积极的方式。但他强调并不是要你把重新构造看做包治百病的灵丹妙药，看做变坏事为好事的万能工具。重新构造主要是通过改变你的思想、改变你的行为方式、改变你的处世态度。

##  激发你的力量

你要知道，可以重新构造的还有你的能力。我们常常会跌入一种心理陷阱，总认为自己能得到满意的结果就行了。但我们应尽力得到更完美、更理想的结果。我们每个人都能做能力的重新构造，它能引发人的潜能和力量。

罗宾在这里补充了一个适用于任何事情的观念：重新构造是你发掘自己精神的工具，是产生最大效果的有效技巧。人们应该把对考察、假设和发现窍门的各种感觉看做是一个不断发展的过程。

领袖人物和其他伟大的社交家都是善于重新构造的艺术巨匠。他们知道该怎样做来激发和唤起民众的共鸣。他们能这样做的前提条件就是他们能以积极的态度重新审视自己过去的经历，从中汲取出能帮助自己前进的经验。

这儿有一个关于汤姆·沃森——国际商用机器公司创始人的有趣故事。他的一个部下犯了个严重的错误，使公司损失上千万美元。这个部下被沃森叫到办公室里，他先声夺人地说："我想您会解雇我的。"沃森盯着他说道："你不是在开玩笑吧，要知道，我们刚花了上千万美元培养了你。"

134

吃一堑，长一智。最优秀的领袖都能够及时吸取教训，并且善于教导他人。政治工作、商业、教育，以至家庭生活莫不如此。

对于任何消沉的态度，对于任何无能的行为，都能有效地给予重新构造。你不喜欢什么？改变它。你不愿意干什么？做点别的。要认识到，重新构造不仅有产生有效行为方式的功效，而且在我们需要的时候要相信它们完全可用。

---

我们不能预知生活的各种事情，但我们能够适应它。正确的心理态度和良好的习惯，会有积极的收获——不要接纳心灵的垃圾。

# 第九章 定势——
## 快速达到最佳状态

通过定势这种方法，你可以创造一种协调一致的触发结构，在任何情况下，它都将自动地引发你去创造你渴望的状态，无须你有意识地思考。

了解定势是很重要的，因为我们周围无时无刻不存在引导我们行为的定势。如果你能意识到定势在引导我们的行为，你就能利用它，并能改变它。

在我们的生活中，我们总会看到一些东西，它会使我们下意识地产生某种反应。比如，每当看见国旗，我们就会激动起来。仔细考虑一下，你会觉得这真是一种奇特的反应。毕竟，一面旗帜不过是一块有颜色、有装饰图案的布，并没有什么特别的魔力。是的，国旗仅是一块布，但同时，它已经成为我们国家和民族的象征，正是这种意义赋予了它特殊的内涵。所以，当一个人看见一面国旗的时候，他也看到了一个代表自己民族的、强大的、能引起一系列感情共鸣的象征，就是这种因素使他产生了情绪的激动。

实际上，一面旗帜，像我们周围其他数不尽的东西一样，是一个参照物，是使我们处于某些特殊状态的感官刺激物。参照物可以是一个词、一个手势，也可能是一种感觉、一个物体，它可以是我们看到、听到、感知、品尝、嗅出的某物。参照物有巨大的力量，因为它能立即触发人的某种状态，比如你看见国旗时的反应。你一看见国旗，立即就体验到一种强烈的情感，因为这些情感是与这块有独特颜色、图案的布联系在一起的。

其实，我们生活的世界到处都有各种参照物，这些参照物有的有特殊的意义，有些则毫无价值。以下是罗宾在学习班上提出的几个即兴问题。如果你问某人说："希尔顿的味道好像……"他可能马上回答："这种香烟是这样的。"如果你接着问他："relief一词如何拼写？"多数人可能会把它拼成 R－O－L－A－I－D－T？（美国一种香烟的商标），他也许知道"relief"一词的拼法，但是广告给人的印象太深，使人们在某种潜移默化中形成了一种固定的反应。像这种反应每时每刻都在出现。你可能一看见某些人就会立即进入某种状态，你也可能听见一首歌就立即改变所处的状态。这都是定式的结果。

## 🌸 用你已有的一切去做你想做的事

罗宾认为定式是一种引导进入某种状态或采取某种行动的心理趋势。它是某种体验多次重复的结果。由此可见，定式是使某种体验永存于大脑中的一种方式。我们能立即改变我们的内部想象，或我们的生理状况，并产生新的结果，而这些改变需要有意识的思维进行引导。罗宾告诉我们：通过定式这种

方法，你可以创造一种协调一致的触发结构，在任何情况下，它都将自动地引发你去创造你渴望的状态，无须你有意识地思考。当你极有效地对某事物产生了定式，无论你什么时候想要它，它都会马上出现。迄今为止，你已经学会了很多有价值的经验和技巧，而定式是积极引导我们的无意识反应，是受我们支配的最有效技巧。我们都希望尽力利用我们已有的东西，我们都试图最大限度地支配我们的能力，而定式就是最大限度地利用我们最大能力的一种方法，它是保证我们能获得我们所希望的一切的途径。

我们每个人都能产生定式。定式是一种思想、观念、情感或状态与一种特定的刺激物相结合的产物。还记得伊万·巴甫洛夫著名的神经反射实验吗？巴甫洛夫弄了些饿狗，把肉放在狗能嗅到香味、能看见但得不到的地方。肉相对于这些狗的饥饿感来说成了一个有效的刺激物，很快，这些狗就分泌出大量的唾液。当这些狗处于分泌唾液的剧烈状态时，巴甫洛夫不断地用一种独特的节奏摇铃。不久，巴甫洛夫就不再需要肉了——他只要摇铃，这些狗就会跑上前来而且分泌唾液。巴甫洛夫在铃声和狗的饥饿状态分泌唾液之间建立了一种神经联系。

137

我们同样生活在一个刺激—反应的世界，在这个世界上，人类的很多行为都是由程序化的无意识的反应组成的，因而在某些情境中会无意识地表现出来。许多人在紧张状态下会立即伸手去拿烟、搔头发，或做某些习惯性的动作，这些动作完全是他们无意识地做出来的。事实上，这些人中有很多都希望改变自己的行为，但他们觉得他们的行为是无法控制的。因而，关键是使自己意识到这一过程，以便在定式对你不利时，你能消除它们，用能使你自动进入渴望状态的新刺激—反应联系来取代它们。

## ❦ 积极的定式与消极的定式

定式是怎样创造的呢？无论什么时候，当一个人的身心处于某种剧烈状态之下，并且在这一状态达到极点的同时，如果此刻不断地用一个独特的事物刺激他，那么，这种状态和这个刺激物就会产生一种神经联系。以后，无论何时，再提供这种刺激，这种剧烈状态就会自动产生，巴甫洛夫的刺激—反应实验就很好地说明了这一点。

正如对任何事物都要采用两点法来看待一样，并非所有的定式都是积极的，有些定式是不愉快的或令人讨厌的。在某地段转弯处，由于你超速行驶，受到处罚后，每次经过公路上相同的转弯处时，你都会产生一种瞬时的负罪感。

初始状态的强度是影响定式力量的一个重要因素。有时人们会有这样极不愉快的体验——比如和某人吵嘴——从那时起，无论什么时候，只要看见那个人的脸，你的内心就会立即感到愤怒，而使你或许原本愉快的情绪一落千丈。如果你有这样的消极定式，这里将教会你怎样运用积极定式取代它们。你不必刻意去追求，它会自动发生。

罗宾指出，刺激物连续不断地出现是产生定式的必要条件。如果你不断地听到某事？穴像广告用语？雪，一遇上适当的机会，它就会成为定式进入你的神经系统。你可以学会控制产生定式的过程，就能在心中建立积极的定式，取代消极的定式。

历史的经验告诉我们，成功的领导者们都知道怎样利用他们周围的文化定式。当一个政治家"把自己裹在一面旗帜里"时，他就是试图利用其有力的定式的力量，把自己与你已经和国旗联结在一起的全部积极的情感联系起来。这一过程便是一种以爱国主义为基础的、健康的、共同的纽带。当然，定式也能引导令人恐惧的、邪恶的集体行为。例如，有些邪教组织利用某种教义、特定的标志等等作为刺激物，操纵组织中的人的情绪、状态和行为，这种刺激物也是一种定式，它同样帮助某些人实现他们阴险的目的。

因此，由于参照系统不同，同样的刺激物可能产生完全不同的意义。因此，定式也能在积极和消极两个方面起作用。

## 🌸 达到最佳状态的两个步骤和四个关键

许多职业运动员往往也运用定式这一原则。他们可能不这样称呼它，或者没有意识到它，可他们确实都在利用这样的原理。运动员被赛场情景所激发，使他们处于精力最旺盛、最有力的状态，据此，他们创造出他们的最佳成绩。如有的网球选手在开球前用某种节奏击球，或用某种呼吸方式使自己进入最佳状态。

那么，建立定式的步骤究竟是什么呢？罗宾总结了两个步骤：开始，你必须让自己，或让你正为之创造定式的人进入你希望的特殊状态，接着，在这个人体验那种状态的顶峰时，不断向他提供具体的、独特的刺激物。这样有了某种状态，又

有了特定的刺激物，定式便会产生。

罗宾提出的另一种为某人创造一种自信定式的方法是：请他回忆过去他感到某一最理想状态的时刻，然后让他回顾当时的体验，使他充分感觉到当时的那些感受，同时观察他生理状况上的变化——面部表情、姿势、呼吸等等。当你观察到这些状态接近顶峰的时候，立即持续地向他提供独特的刺激物。

你帮别人创造某种定式后，应该进行检验。先让你为之创造定式的这个人进入一种新的状态，让他改变生理状况，或让他思考别的事情。然后再检验你的定式，提供恰当的刺激物，看看他的生理状况是否发生了变化。如果他的生理状况发生了变化，你的定式就是有效的，否则，你就可能漏掉了罗宾提出的创造定式的如下四个关键中的一个。

1. 为使定式有效，提供刺激物时，必须使这个人完全处于一种联系性的、恰当的状态，即"剧烈状态"。这种状态越剧烈，形成定式就越容易，定式持续的时间也将越长。如果你引发某人的定式时，他正分心想别的事，你提供的刺激物将联结几个不同的信号，由此形成的定式就不会有力。

2. 必须在状态体验达到最高峰的瞬间提供刺激。提供太早或太晚都会影响定式的强度。通过观察这

139

个人进入状态及状态消失的动作的变化，就能发现他体验的极点。也可以让他帮助你，请他在接近极点的时候告诉你一声，作为提供刺激物的准确时间。

3.刺激物必须独特而具体。定式必须为大脑提供一个清楚无误的信号。比如：如果某人进入一种特殊状态时，你试图把他的这种状态与你始终向他展示的一种神态联系起来，这个刺激物可能就不会十分有效地形成定式，因为它不具体，大脑将很难从中得到一个具体的信号。同样，一次握手也不可能有效地形成定式，因为握手太平凡，虽然它也可能起作用——如果你用某种独特的方式握手。有效的定式是几个主要感觉系统——视觉、听觉、触觉——同时共同感受一个独特的、大脑能更容易地从中获得一种具体意义的刺激物。所以，用一种触摸与一种声调的共同作用使某人产生定式，通常会比仅仅用触摸更有效。

4.反复实践以使定式真正发挥作用。如果你使一个人处于一种状态，并在一个特别的部位用一种特别的压力触摸他的肩胛骨，使他产生定式，那么，以后你在不同的部位，或用不同的压力触摸他，都无法激发出这种定式。

如果你产生定式的过程遵循了以上的原则，那么你所建立的定式将会发挥作用。

## 调动你最充沛、积极的定式

罗宾提出的上述原则是教人们怎样产生能调动他们最充沛、最积极精力的定式，他将这一过程称为"调整过程"。在这个过程中，每当他们处于精力最旺盛的时刻时，就握起拳头。没用多久，只要他们一握拳头，立即就能感觉到一股充沛的力量油然而生。

现在，我们来做一个简单的定式练习。站起来，回想你完全自信、知道自己能做自己想做的任何事情的那样一个时刻。让你的身体处于与那一时刻相同的生理状况，像你完全自信时那样地站着，在这种情感体验达到顶点时握起拳头，坚定有力地说"yes"；像你完全自信时那样呼吸，再次同样地握起拳头，用同样的方式说"yes"。

如果你回忆不起这样的时刻，那就设想你确实有过这样一个时刻，用你感到自信时所采取的呼吸方式呼吸。你要实际地去试试，仅仅阅读于你无益，只有去做才会出现奇迹。只要按上面的方式去做，要不了多久，你就会发现：只要握起拳头，你就能随意激发你所潜伏的力量，达到你所希望的状态。当然，这并不是一蹴而就的事，但只要你不断地这样做，就会很快达到这一境界。如果你的状态足够强烈，而你得到的刺激物也很独特、具体，那样只要一两次的重复，你就能形成自己的定式。

一旦你以这种方式为自己形成了定式，以后你处于一种感到困难的情境时就会使用它，你会握起拳头，感到充满力量。定式能做到这一点，是因为它能立即与你的神经系统联为一体。传统的思维方式要求你停下来思考，甚至要有意识地努力使自己处于积极的生理状况之中，定式则能在一瞬间调动起你的最大能力。

## ⚜ 成功的事不如成功的感觉重要

每一个人过去都有过许多成功。不一定是大事业，可能是微不足道的小事，例如见义勇为、在公司的野餐中赢得袋鼠赛跑、击败一个十几岁的对手、获得蛋糕比赛第一名。那些成功的事，往往不如成功的感觉重要。你只需要完成一件事情过程和它带给你的满足。

请你重温那些成功的经验，尽量回想每一个细节。不仅要在心里

"看见"演讲、接洽生意、参加高尔夫球比赛等等，还要想想有什么声音，当时你的感觉如何，四周发生了什么事，出现什么东西，那是什么时候等等，越详细越好。如果你能详详细细记得过去成功时的每个细节，那么现在的感觉跟当时的感觉相同，你就会信心百倍。因为自信是建立在成功的记忆之上。

在唤醒这种"一般的成功感觉"之后，就要去思考重要的推销、会议、演讲、交易、高尔夫球赛，甚至任何你希望现在成功的事，尽量在心里想象成功时，你要如何行动，如何感觉。

在心里细细体会"完全和必然的成功"的滋味，不要太勉强，也不要故意使自己相信。只"担心"积极的目标和良好的结果，不要担心消极的目标和不好的结果。

哈佛大学校长艾略特有一次谈到成功的"习惯"。他说，小学教育失败是因为老师没有给予学生"可以胜任"的工作，所以学生没有机会发展"成功气氛"，也就是我们所说的"胜利感觉"。他说，如果在学校里没有成功经验，就没有机会发展"成功习惯"——勇于从事新工作的习惯。他呼吁低年级的老师，一定要安排一些学生可以胜任的工作。这些小小的成功，使学生有"成功的感觉"，对于将来的工作大有裨益。

141

我们可以养成"成功的习惯"，也可以随时在脑中建立成功的模式和感觉——只要遵行艾略特博士的忠言就好。如果我们一失败就感到挫折，就容易养成习惯性的"失败感觉"，先挑选简单易行的工作，然后从事更难的工作，接着进行更有挑战性的任务。成功建立在成功之上，因此"只有成功，才是成功"这句话，实在很有道理。

## 培养成功的感觉

在积累的基础上，通过"堆积"，把许多相同或十分相似的丰富体验加在一起，就能创造出最有力的定式。了解这一点是十分重要的。我们一想到将来不利，就会焦虑、不满足和屈辱。为了实际的目的，我们事先体会这些情绪，万一真的失败，这些情绪就很适当。我们一直在想象失败，不是随随便便地去想——而是仔仔细细地想。我们一直在挖掘失败的记忆。

我们已经说过，我们的头脑和神经系统无法分辨"真正"的经验和"想象"的经验有何不同。创造契机总是针对环境表现出适当的反应，它唯一可用的资讯是你"信以为真"的信息。

如果我们一直想象失败，使它在神经系统中变得"栩栩如生"，那就会招致真正的失败。

反过来说，我们一直保持积极的态度，使它在我们心里变得"真实"，并且以胜利的眼光去想，我们就会有"胜利的感觉"——自信和勇气。

我们无法窥探创造性机制中，到底是成功还是失败能够最终胜出，但我们可以利用自己的感觉去决定它现在的"定向"。当它"针对成功"时，我们就可以体会那种"胜利的感觉"。

某些创造性机制可以振奋成功的感觉。当你很有自信时，你会表现出成功的行动，假使这种感觉很强烈，你会表现得更完美。

"胜利的感觉"并不实际运作，它好像一种信号或象征，表示我们有成功的条件；它又像温度计，不会增加温度，却可以衡量温度。然而我们可以使用这种温度计，请你记住：当你体会出这种胜利的感觉时，你的内在机制就正对准成功了。这种"胜利的感觉"威力无穷，它可以消除所有的障碍和不可能，更可以逢凶化吉。

操纵术知识替"胜利的感觉如何运作"提供许多新知。我们已经说明电子控制机如何利用储藏的资料（相当于人的记忆）来"记忆"成功的经验，以及复制。

学习大部分是一种"尝试错误"

的练习,直到成功为止。

操纵术的专家已经制造出一种"电子鼠",可以学习走迷宫。第一次犯了很多错误,不断撞到墙上或障碍物。但是每撞一次,它就扭转90度再试一次。如果撞到另一面墙上,它就再转一次,继续前进。经过很多次失误和纠正之后,就走出了迷宫。它已经"记得"正确路线,第二次,它就可以重复前进和后退及转向的动作,迅速穿过迷宫。

练习的目的也正是进行一连串的尝试和改正,直到大功告成为止。当一个动作成功时,不仅从头到尾储藏在记忆里,也藏在神经组织中。人类的语言很会形容,如果我们说:"我的骨头有种感觉,认为可以做到。"那是谁都不会相信的。当泰格伍兹说:"我觉得有一种感觉,可看到球洞的方向,而且能看得一清二楚。"他在不知不觉中便说出最新的科学观念:当我们学习、记忆和想象时,心里会产生某种想法而使自己的行为发生改变。

简而言之,科学家认为过去所有的成功行为,都会在脑中留下深刻的记忆。如果把那种记忆引进现实生活里,它就会自动产生作用,你只需"把球棒轻轻一挥"就好了。

当你重新发动成功的经验时,也带动相关的感觉,也就是"胜利的感觉"。同理,如果重新捉住"胜利的感觉",自然可以带动所有的"胜利行动"了。

例如,通过采取像空手道大师那样的生理状况和姿势,你能使自己进入最有力的状态,在这种状态下,你会战胜各种困难的挑战。每当你面对这样的情形,使自己最具有力量的时候,你都要以一种独特的方式握起拳头。那种力量的体验是一种任何药物都无法产生的美妙感受。你进入这种状态的次数越多,并加上新的、有力的、积极的体验,由此产生的定式就越有力、越成功,这就是成功道路中的又一个典范:成功养育成功,力量和才能孕育出更多的力量和才能。

## ✦ 创造积极定式的练习

罗宾在这里为我们提出要我们做如下的练习以理解积极定式的创造过程:寻找三个人,使他们处于积极状态的定式中。让他们回忆某个精力充沛的时刻,要保证他们是在充分地重新体验那个时刻的一切,同时把他们的这种状态固定下来,然后让他们互相交谈,在他们分散注意力的时候检验这个定式,他们是否回到积极的状态?如果不是,就对照一下那四个关键要点重新定式。

罗宾还提出了另一个练习：选择你愿意控制的三到五种状态或情感，然后把它们固定在你身体的某个特殊部位上，以便你能随时轻而易举地触发这样的状态或情感。假定你是个优柔寡断的人，但你希望改变这种状况，你想要变得更果断，那么，就去形成能够尽快地、有效地做出决定的定式。你可以选择你的某一指关节，回想你以前感到完全果断的某个时刻，在你的大脑中想象自己又进入了那种情境中，并全身心地投入进去。于是，你就能感受到你当时的情形，开始体验你做出那个重大决定时的一切感受。在这种体验的顶点，即你感到最果断的时候，握紧你的指关节，并想象你在内心做出了回应，比如"9es"，然后回想另一个这样的体验，并在体验的最佳时刻在同一个指节上施以同样的压力，发出同样的声音。这样重复五到六次，就会"堆积"起一种有力的定式。现在想一个你需要做出的决定——考虑全部你需要了解的事实，然后引发果断定式，你就能迅速、有效地做出一个决定了。如果需要的话，你还可以用另一个手指去创造使自己轻松的定式。在这种轻松的状态下，你会形成创造力的情感定式，并能够在任何时候使自己把被难住的感觉变成充满创造力的感觉。

在无意识状态下形成的定式通常是最有效的。在《忠于信仰》一书中，吉米·卡特描述了一个关于定式的特例。在限制军备竞赛的谈判中，勃列日涅夫把手放在卡特的肩上，并用流利的英语说："吉米，如果我们不成功，上帝将不会宽恕我们。"这让卡特大吃一惊。数年后，在电视中接受采访时，卡特把勃列日涅夫描绘成"一个酷爱和平的人"，而且，在讲述这个故事时，卡特竟抬手触摸自己的肩膀说："我现在好像还能感觉到他的手在我的肩膀上。"卡特把这个体验记得这样清楚，是因为勃列日涅夫用流利的英语谈及上帝使他大吃一惊，因为卡特是个很虔诚的信徒，所以，勃列日涅夫的话及触摸显然使他有了强烈的感受。卡特这种强烈的感受肯定会使他在今后的生涯中永远记住这次体验。

## 激发你最具自信的状态

定式的建立能使你从消极状态中进入到积极状态，而且定式也能非常成功地克服胆怯和改变行为。以下是罗宾在他的研讨班上曾用过的一个非常有趣的定式的例子。

144

他请一个不善于与异性相处的人走到房间的前面来。这是一个有点羞怯的年轻男子。当罗宾问他,他觉得和陌生女人说话或邀请一个陌生女人出去会怎么样时,年轻人立即做出了反应。他的神情消沉,眼睛下垂,声音变得发抖,"这样做我感到很不自在。"他说。其实他不必说什么,他的表情已经说明了一切。罗宾问他,他是否有过感到十分自信、骄傲、安全,知道自己会成功的时刻,他点头表示有过,然后罗宾引导他进入那种状态,让他以感到自信时所采取的那种方式站立、呼吸、感觉,让他回想他感到自信、骄傲时别人对他说过的话,让他回忆他处于那种状态时对自己说过的话。在他的这种体验达到顶点时,罗宾就触摸他的肩膀。

然后,他进行了几次其他类似的体验,在他每次体验的顶点,罗宾都对他进行同样的触摸——记住,成功的定式取决于准确的重复。所以每次罗宾都注意用同样的方式触摸他,并让他处于同样的状态。

接着,罗宾对这种定式创造进行了检验。他让年轻人停止体验,再次问他对女人的感受。他的生理状况马上发生了变化,又进入那种压抑的状态,他的肩膀下垂,呼吸短促。当罗宾按照定式固定下来的部位触摸他的肩膀时,他的身体一下

就回到了积极有力的生理状况中。通过定式创造,人的状态可以迅速从绝望或恐惧变为自信,这一点很令人惊异。

对于这个小伙子来说,以后无论什么时候,只要有人触摸他的肩膀或任何一个作为定式固定下来的部位,就能激发出他自信的状态。不过,我们还可以让事情更进一步。我们可以把这种积极的状态转移到通常引起消极情感的每个刺激物上,以便使这样的刺激物能引导出积极的情感。在以上这个例子中,罗宾就做了这样的努力。他要求这个年轻人从听众中找一个漂亮的女士——平常他做梦都不会接近的人。他犹豫了。罗宾一碰他的肩膀,他的身体立即改变了姿势,随后他选了一个漂亮的女士。罗宾要求这位女士走到房间前边来,然后告诉她,这个小伙子想和她定个约会,她要完全拒绝他。

罗宾碰了碰小伙子的肩膀,使他处于自信有力的状态。他的眼睛抬起来了,呼吸深沉,他走向这位女士,说:"嗨,出去走走怎么样?"

那位女士按要求厉声地说:"离我远点。"这并没有使小伙子感到为难。以前即使看女人一眼也会使他的整个生理状况发生混乱,而现在他只是笑笑。罗宾继续拍着他的肩膀,他继续追求那个女士。那个女

145

士越是用语言挤对他，小伙子的状态越有力，甚至罗宾把手从他肩膀上拿开以后，他仍然感到有信心、有力量。他已创造了一种新的神经联系。现在，当这个小伙子看见一个漂亮女士或遭到拒绝时，新的联系就会使他变得更自信、更有力。在这种情况下，这个女士最后说："你就不能离我远点吗？"这个小伙子用一种深沉的语调说："你看到这些还不懂什么是力量吗？"全体听众都哄笑起来。

这会儿，他处于一种十分自信的状态，以前使他感到恐惧、胆怯的刺激物——一个漂亮女士或她的拒绝，现在则使他感到自信有力。在短时间内，他创造了一个定式并把它进行了转移。女士的拒绝促使小伙子处于一种有力的状态，他的大脑开始把女士的拒绝与他的平静、镇定、自信的状态联系在一起。她越是拒绝他，他就变得越从容、自信、镇定。

当然，你可能提出这样的问题："好了，在一个研讨班上那是了不起的，但在现实生活中会怎么样呢？"在现实生活中可以建立同样的刺激—反应控制回路。在你的人生历程中，你必须学会怎样应付拒绝。有很多行为模式可以做到这一点，只要从中选择一种新的神经反应体系就够了。

## 🌼 消除消极定式的技巧

了解定式是很重要的，因为我们的周围无时无刻不存在引导我们行为的定式。如果你能意识到定式在引导我们的行为，你就能利用它，并能改变它，如果你意识不到这一点，你就会对自己的行为没有信心。

你是否有过这样一种体验，你突然变得压抑而不知道为什么？可能你没有注意到正在播放的那首歌，而你却已把这首歌与你曾经酷爱过、而今已从你的生活中消失了的某人联系在一起了。

罗宾给我们介绍了几个应付消极定式的技巧。一是同时引发相反的定式。假定人们在葬礼上形成了悲伤定式，例如许多参加追悼会的人同你——死者的亲属握手，表示诚挚而无言的抚慰之意，由于这个动作反复重复，就会把你的悲伤连成神经链，如果这种定式被固定在你右臂的上部，应付这种消极定式的方法就是，在你左臂的相同部位创造一种相反的能触发你的最有力、积极情感的定式。如果你同时触发这两种定式，你会发现某些惊人的奇迹。你的大脑把这两种定式都联结在你的神经系统中。任何时候随便触发哪一个定式，大脑都会

146

从这两种反应中选择一个，而大脑几乎总是要选择更为积极的那种反应，要么使你进入积极状态，要么使你进入中间状态，在这种状态下，两个定式的作用互相抵消。

弗吉尼亚·萨特，这位驰名世界的婚姻家庭问题专家，她在工作中一直充分利用定式力量而使她成就非凡。在研究她的过程中，班德勒和格林德注意到她和传统的家庭治疗专家之间风格上的差异。当一对夫妇走进来要求治疗时，许多治疗专家都相信要问题是这对夫妇没能把自己对对方的情绪和愤怒表达出来，如果让他们准确地互相表明对对方的真实感觉或使他们愤怒的原因等等，就会有助于他们。你能想象得出，他们彼此表达愤怒的原因时会发生些什么事。如果治疗专家鼓励他们有力地传递愤怒的信息，他们会产生更强烈的与对方面孔联系在一起的消极定式。

我们当然明白，如果一个人已经把那些情感深藏了许久，那么，把它们表达出来可能会有好处，而且，在一种情境下讲真话对于成功是非常重要的，但同时，你还要关注这一过程中可能产生的消极定式的影响。在和一个你爱着的人交流情感之前使自己处于消极状态是非常有害的。萨特就重视这一点，她没有让她的病人互相叫嚷，而是让他们

以热恋时的那种神态相互对视，要他们像初恋时那样互相倾诉。在这个过程中，她使他们不断地"堆积"积极定式，以便使他们现在看见对方的脸能引发他们觉得对方好极了的情感。在这种状态下，他们可以通过坦诚地交流情感来解决他们之间的冲突，而不必伤害对方。事实上，他们这样相待就为今后解决冲突提供了一种新模式、新方法。

罗宾还有一种应付消极定式的技巧。首先要产生一个积极有力的能力定式。这种技巧最好是从积极的而不是从消极的定式开始。当消极定式变得难以应付时，你能利用这个积极定式迅速摆脱那种状态。

请你回忆你生活中曾有过的最有力的积极体验。在大脑中想象把这种体验和它的情感放在你的右手。再回想一个你为做某事感到特别骄傲的时刻，通过想象，把这种体验和情感也放在你的右手。现在再回想一个你感到有力、充满自豪的时刻，也把它们放到你的右手，然后感受一下这些体验和情感在右手时的感觉。

这时，再回忆一个你正歇斯底里地大笑，或是正咯咯傻笑的时刻，也把这种体验放到你的右手，感受一下这种体验与你前面的那些积极的、充满力量的体验和情感在一起的感觉。现在想象那些放在你右手

147

里的体验和情感将呈现的颜色，只记下你大脑中第一次闪现的那种颜色，再想象一下它们构成的形状、产生的声音，使自己欣赏这些情感，然后握起右手，让它们留在那儿。

现在伸开你的左手，放一种消极的、令人沮丧、压抑，或令人生气的体验。这种体验也许是曾使你烦恼或现在使你烦恼的某事，也可能是使你害怕、担忧的某事。现在同上面一样想象一下它的颜色、形状、声音。

现在我们将进行一种叫做"瓦解定式"的练习。你可以以任何一种你感到得心应手的方式来做这个练习。方法之一就是取你右手中积极体验的颜色，把它想象成一种液体，以飞快的速度把它倒进你的左手，想象它发出具有幽默感的声音，并从中获得一种乐趣。不断重复这种想象中的动作，直到想象你左手的消极定式变成你右手的积极定式的颜色。

接着，取你左手消极定式的声音放入你的右手，从想象中注意一下右手对这种声音采取了什么行动。然后再把右手里的情感倒进左手，想象一下这些情感进入左手时，它们对左手采取了什么行动。现在把你的两只手猛地合在一起，让里面的那些情感和体验融合在一起，直到消极定式与积极定式产生平衡

状态。现在，你左手和右手里的颜色是一样了——情感也是一样了。

做完这项练习后，注意一下你对左手中的那种体验的感觉变得怎么样了，可能你会完全消除这种体验中使你烦恼的那股力量。如果达不到这点，那么就重复做这个练习。重复一两次以后，几乎可以立即消除曾经很顽固的消极定式的力量。现在你会觉得这种体验变好了，至少，不会觉得它很糟糕了。

## ❀ 别人的批评是有力的刺激

我们都知道，有些人一听到别人说他"你做不到"，就会一蹶不振；但是有些人一听到这句话，反而更努力去争取成功。

当别人向我们泼冷水时，我们应该采取积极的态度。同理，对于自己负面的感觉采取同样的态度，不仅可能，而且非常实际。

感觉无法由意志力控制，然而却可以说服。即使不能被意志力直接控制，却可以间接控制。"不好"的感觉，不一定能通过刻意的努力或意志力加以驱除，但却可以由另一种感觉来代替。感觉是跟随印象而来的，接受神经系统信以为真的事物。每当发现自己的情绪不好

时,不应该尽力把它驱除,应该立刻注意正面的印象,这样消极的感觉就会自动消失、消散,发展适合新印象的感觉。

反过来说,如果我们一直努力驱除消极的想法,就会专心于消极情况。即使它真的被驱除出去,也可能引起新的消极思想,因为当时的气氛仍是消极的。耶稣警告过我们,如果扫除心灵中的一个恶魔,只会让七个新的恶魔进来,他劝我们不要对抗邪恶,而是以善制恶。

现代心理学家马修·恰培尔博士在他所写的书《如何控制忧虑》中,也运用同样的方法。恰培尔博士认为我们忧虑是因为我们练习忧虑。我们习惯性地沉溺在过去的消极想法,以及未来的期望中。这种忧虑制造紧张,然后又"努力"停止忧虑,结果变成了一种恶性循环。他说,治疗忧虑唯一的方法,是利用愉快、健全的心像取代不愉快的心像。每当病人发现自己正在忧虑,就把它看成一种"信号",赶紧回想过去愉快的心像,或想象未来的愉快经过。忧虑变成一种练习反忧虑的刺激力,所以很快就消失了。忧虑的人不需要克服忧虑的来源,而是改变自己的精神习惯。如果意识一直固定在失败的想法上,当然会发生让他忧虑的事情了。

心理学家大卫·西伯利说,他

父亲给他最好的忠告是,每当想到消极的感觉时,就立刻练习正面的心像。消极的感觉一旦变成一种制约反射来唤起积极的心像,那么消极的感觉就会消失。

以下是一名整形医生在医学院念书时,成功地以积极感觉替代了消极感觉的自述:"当我还在医学院念书时,有一次教授叫我站起来回答病理学的问题。不知怎么搞的,当着那么多同学的面,我心里很恐惧,所以无法回答。但在别的场合,一面看着显微镜,一面在纸上作答时,情形却不大相同。我很轻松、自信,有'胜利的感觉',所以成绩很好。

"后来当我站起来回答问题时,假装没有看到别人,而是在看显微镜,因此变得很轻松,用'胜利的感觉'代替消极的感觉。结果学期结束时,我的口试和笔试成绩都不错。

"消极的感觉变成一种制约反射,来激起那种'胜利的感觉'。

"现在我在所有的场合都可以侃侃而谈,因为我很轻松,并且知道自己的主题;我还开导别人讲话,让他们也觉得轻松。

"当了25年的整形医生,我的病人中包括受伤的军人、畸形儿、成年人和在家里、公路、工厂中因意外而受伤的人。这些人以为自己永远没有'胜利的感觉'了。

149

>>>

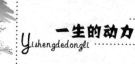

在的你。埋怨别人或自己,都无法解决你的问题,也无法改善你的现况和将来。"过去"说明了你如何变成现在的你,但你将来要怎样,则是你的责任,由你自己选择。你可以像一部留声机一样,继续播放关于过去的老唱片,重温过去的委屈,为过去的错误而自怨自艾。这样会勾起失败的回忆,影响你的现在和未来。

你也可以放一张新唱片,重新发动成功模式和那种"胜利的感觉",帮助你现在做得更好,并且保证有一个更好的将来。

当留声机播放你不喜欢的音乐时,你不会勉强它,也不会乱敲,更不会改变音乐本身——你只需换一张唱片就好。你对于发自内心的"音乐"也应该如此才对。如果你一直注意同样的心像,那么再怎么努力,也不会改变音乐?你要换一张新唱片,只要你改变心像,感觉自然会跟着改变。

## 🔯 掌握定式就把握了命运

我们来做最后一项练习。使自己处于一种积极有力的状态,然后选择一种最能使你充满力量的颜色,用同样的办法选择一个与你的积极状态联系在一起的形状、声音和感觉,然后想想你感到比以前任何时候都更幸福、更有力量时你会说的一句话。随后,再回忆一个愉快的体验,一个可以引发消极定式的人或某件使你害怕的事。接着,你在大脑中想象用那个积极的感觉包围这个消极的体验,同时要坚信你能在这个包围圈中捕获这个消极的体验。然后,用你选定的颜色把那个消极的体验整个喷涂一遍。同时在大脑中听一听你处于最有力状态时会出现的那种声音,感受一下会出现的感觉,之后再说一句你在最积极状态下会说的话。在消极定式消失在你的积极颜色中的同时说那句话,以加强你的力量。这样你对消极定式的感觉如何?也许你会发现,很难想象它会像以前那样困扰你了。

对于本书,如果你只是顺读下来,这些练习就会一晃而过,对你毫无作用。但如果你去做这些练习的话,你就会看到它们难以估量的非凡魔力,这就是成功的关键之一。从你的环境中消除会使你处于消极状态的定式,而为自己、也为别人建立积极的定式,做到这一点的方式之一,就是在大脑中描绘出你生活中的主要定式——积极的和消极的——图形,再看看这些定式是由听觉、视觉,还是触觉刺激物所激发

151

的。一旦知道了你的定式,你就应该消除消极的定式,最大限度地利用积极的定式。

想一想当你学会对那些积极状态产生有效定式后的好处。假设你与你的朋友谈话,使他处于一种受激励、乐观的精神状态,并且用你今后可能做出的一种触摸、一种表情或你可能采取的一种说话的语调对他这种状态进行定式,那会怎么样呢?要不了多久,经过几次重复,你就可以在任何时候,随心所欲地使他们处于这种受激励的状态。他们的工作将会更出色,公司将获得更多的利益,他们自己也会更幸福。想一想,你能把过去使你烦恼的事

152

情改变成积极的事情,你会具有多么大的力量?选你能做到这一点。

这种成功不仅与定式有关,而且同迄今为止你学到的所有技巧有关:只要你掌握这些技巧,你就会产生一种把握你的命运所必需的协同作用和一种递进感,就像一块石头投入静谧的池塘所激起的渐渐变大、变远的涟漪,运用这些技巧所取得的成功将会衍生出更多更多的成功。你现在应该清楚明白地感受到这些技巧的巨大魔力。希望你能运用这些技巧,不只是在今天运用,而且你要在生命历程中持续不断地运用。你会在每次运用中获得越来越多的力量。

一个好的习惯的养成需要 21 次的重复,而一个坏习惯却只需一次就够了,我们容易获得的,往往并不是你真正希望的结果,想要得到生命中真正的收获,请多付出一点 再多付出一点。成功就是比失败重复更多次。